妊娠分娩育儿
百科全书

车艳芳　主编

河北出版传媒集团
河北科学技术出版社

图书在版编目(CIP)数据

妊娠分娩育儿百科全书 / 车艳芳主编. –– 石家庄：
河北科学技术出版社, 2016.7（2024.4重印）

ISBN 978–7–5375–8391–6

Ⅰ.①妊… Ⅱ.①车… Ⅲ.①妊娠期—妇幼保健—基本知识 ②分娩—基本知识 ③婴幼儿—哺育—基本知识

Ⅳ.①R715.3 ②R714.3 ③TS976.31

中国版本图书馆CIP数据核字(2016)第127352号

妊娠分娩育儿百科全书

妊娠分娩育儿百科全书

车艳芳　主编

出版发行	河北出版传媒集团	
	河北科学技术出版社	
地　址	石家庄市友谊北大街330号（邮编：050061）	
印　刷	三河市南阳印刷有限公司	
开　本	720×1000　1/16	
印　张	14	
字　数	224千字	
版　次	2016年9月第1版	
印　次	2024年4月第2次印刷	
定　价	68.00元	

preface 前言

　　生育一个健康、聪明的小宝宝，是每个孕妈妈的最大心愿。从妊娠、分娩到育儿，是一个科学、系统、复杂而又幸福的孕育过程，当然会倾注即将为人父母者的大量心血。然而，如果不懂这一过程中的知识、方法和技巧，很可能会达不到理想的愿景。

　　怀孕是上苍赐给女性美好的礼物，孕前准备应该从结婚那天开始，真正做到有备无患，幸福好"孕"；分娩痛是人生最美好的疼痛，自然分娩的宝宝更健康；养育新生命是一个浩繁的"希望"工程，首先要保证其身体健康，请多给宝宝到大自然中锻炼的机会，提高免疫力才能不生病、少生病。再则宝宝健康的心灵，胜过所有智力开发，要尊重宝宝丰富的情感世界，温馨、祥和的环境有助于宝宝健康成长。

　　本书科学翔实地介绍了孕前的注意事项、受孕的健康知识、孕期的保健护理和分娩过程中的常见问题、产后的护理和保健，以及新生儿的营养需求和生理特点、婴幼儿的智能开发和疾病防治等方面的知识，就像一个专业贴心的孕产育儿专家在你身边，为孕妈妈的孕产保健和新生命的健康成长保驾护航。

CONTENTS 目录

孕前科普

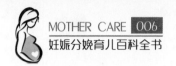

孕前科普

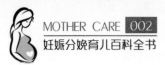

孕前计划

受孕前半年停服避孕药

医学专家认为，平时服用避孕药的妇女如果想怀孕，最好在停服避孕药6个月后再怀孕。这是因为：

1 口服避孕药为激素类避孕，其作用比天然性激素强若干倍

如1号短效避孕药含炔雌醇与炔诺酮，而炔雌醇的生理效能是人体内产生的雌激素的10～20倍。炔诺酮的生理效能是人体内产生的孕激素黄体酮的4～8倍。如果停了避孕药就怀孕，将会造成下一代的某些缺陷。

2 口服避孕药的吸收代谢时间较长

口服避孕药经肠道进入体内，在肝脏代谢储存。体内残留的避孕药在停药后需经6个月才能完全排出体外。停药后的6个月内，尽管体内药物浓度已不能产生避孕作用，但对胎儿仍有不良影响。

3 目前认为，在停服避孕后6个月内怀孕，有产生畸形儿的可能

应该是在计划怀孕时间以前6个月停止服用避孕药，待体内存留的避孕药完全排出体外后再怀孕。此间可采取男用避孕套进行避孕。

受孕前将宠物长期寄养或送人

现在很多家庭都养有宠物，如猫、狗、小鸟等，但家养宠物对人的健康多有不利，尤其是准备怀孕的年轻夫妇更不应饲养宠物。有的妇女生下畸形儿，经过查找原因，就是由于在怀孕期间同猫接触过多的缘故。

医学专家从畸形儿新妈妈和流产准妈妈的脐带血液中发现了弓形虫。猫的身上就带有这种弓形虫。这种病菌通过口腔进入人体内进行繁殖生长，并可通过胎盘造成胎儿先天性弓形虫病，怀孕3个月后常致流产，6个月常致胎儿畸形或死胎。准妈妈宫内感染弓形虫的胎儿出生后主要表现为脑积水、小头畸形、精神障碍等。因此，家中若养有宠物，如猫、狗、小鸟等，请寄养在亲友家中或送给亲友。

准爸妈孕前应避免接触有害物质

工作生活环境中的有害物质会干扰人体的内分泌系统，甚至导致生殖功能异常或生殖器官畸形，使精子畸形、活性变弱或染色体异常。这些有害物质包括铅、苯、二甲苯、甲醛、汽油、氯乙烯、X线及其他放射线物质、农药、除草剂、麻醉剂等。如果准爸妈以往接触过或目前正从事对生育有危害的职业，就应及时调整工作岗位，确认职业安全后方可怀孕。

如果夫妻任何一方有长期接触有毒有害物质的历史，如铅、汞、农药、有机溶剂等对生殖细胞有损害或对胎儿有害的物质，都应与这些有害物质隔离3~6个月后再怀孕。在怀孕前男方应检查精液质量，女方应检查血或尿中有害物质的含量，如果超过正常标准，就应避免接触有害物质，并且等体内毒物完全排出，直至恢复正常后再妊娠。

准爸爸至少在怀孕前5个月避免接触有害物质，以免损伤精子。准妈妈至少在怀孕前3个月内避免接触有害物质，以保护卵子，保证下一代的健康。

提前进入健康科学的生活状态

受孕前，准妈妈要进入健康规律的生活状态，保证充足的睡眠，不过于劳累，不熬夜，不长时间上网、玩游戏或看电视。为自己创造一个舒适宁静的生活环境，保证周围没有嘈杂的声响。每天按时吃饭。减少在外就餐的次数，食物可口又有营养。

提前开始阅读有关孕期保健和胎儿生长的书籍和杂志，多听些使精神愉悦、心情放松的音乐。让自己愉快平稳地生活，以利优生。

孕前健身计划巧安排

孕前应制订一个科学的健身计划，以提高准妈妈身体的耐久性、力量和柔韧性。准妈妈至少应在怀孕前3个月开始健身，这样可以使孕期生活更加轻松地度过。

健身运动包括慢跑、散步、游泳、健美操、瑜伽、骑自行车等。其中有些运动相对激烈，不宜在怀孕早期进行。

做好受孕的心理准备

所谓孕前心理准备，是指夫妇双方应在心理状态良好的情况下完成受孕。凡是双方或一方受到较强的劣性精神刺激，如心绪不佳、忧郁、苦闷或夫妻之间关系紧张、闹矛盾时都不宜受孕，应该等到双方关系融洽、心情愉快时再完成受孕。研究结果表明，在心理状态不佳时受孕，可对胎儿产生有害的影响。

物质准备要齐全

生儿育女对人生来说是件大事，需要夫妻双方进行必要的物质准备。如果刚刚结婚，欠下外债，或经济状况较差，或双方或一方正在紧张地准备考试，参加函授学习等，就不适合马上受孕，应该等一等，待条件成熟时再生育。

准爸爸要提前做的准备

要孕育一个健康聪明的孩子，男方精子的数量和质量是至关重要的，为优生之本。因此，准爸爸同样也应积极去准备。

因为精子成熟需要两个多月的时间，所以男方的准备也至少在5个月之前开始，需要注意的有：

1 治疗生殖系统疾病

在男性生殖器官中，睾丸是创造精子的"工厂"，附睾是储存精子的"仓库"，输精管是"交通枢纽"，精索动、静脉是后勤供应的"运输线"，前列腺液是运送精子必需的"润滑剂"。如果其中某一个环节出现问题，都会影响精子的产生和运输。例如梅毒、淋病等性病会影响精子的生成、发育和活动能力，前列腺炎、精索静脉曲张、结核等疾病可造成不育，需进行早期治疗。

2 防热

睾丸的温度应低于身体其他部位的温度，这样才能产出正常的精子。精子对温度的要求比较严格，必须在低于体温的条件下才能正常发育，温度过高可以杀死精子，或不利于精子生长，甚至会使精子活力下降过多而导致不育。

据资料统计，男子不育症中有相当一部分人是由于睾丸温度高于正常温度所致。因此要尽量避免导致睾丸温度升高的因素，如长时间骑车、久坐不动、穿紧身牛仔裤、洗桑拿、用过热的水洗澡等。

3 适当的性生活

性生活频繁必然使精液稀少，精子的数量和质量也会相应减少和降低。性

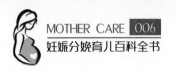
生活过少会使精子的新陈代谢降低，可致死精或精子老化过多。因此，一般2~3天一次即可。

4 避免接触有害物质

许多物理、化学、生物因素会使精子畸形或染色体异常，如铅、苯、二甲苯、汽油、氯乙烯、X线及其他放射性物质、农药、除草剂、麻醉药等均可致胎儿畸形。如果接触农药、杀虫剂、二氧化硫、铜、镉、汞、锌等有害物质过久，体内残留量一般在停止接触后6个月至1年才能基本消除，在此期间也不宜受孕。

5 戒除不良嗜好

吸烟、酗酒、吸毒不仅影响身体健康，而且可使精子质量下降。饮酒过度可使精子发生形态和活动度的改变，甚至会杀死精子，从而影响受孕和胚胎发育，先天智力低下和畸形儿发生率相对增高。随吸烟量的增加，精子畸形率呈显著增高趋势，精子的活动度呈明显下降趋势。一般情况下，丈夫需在孕前2~3个月戒除烟酒，这样才能有足够的时间产生优质的精子。

温馨提示

要想生育一个健康聪明的宝宝，准爸妈孕前都要调养好身体，保证精子和卵子质量优良。

孕前饮食
中的科学

准妈妈优生饮食指导

如果你有了怀孕的计划，那么怀孕前就要开始有意识地加强营养，养成良好的饮食习惯，为受孕提供良好的营养基础。

通过合理饮食实现标准体重。过胖或过瘦的妇女需要在孕前3个月通过合理饮食调整体重。尽可能达到标准体重。

保证热能的充足供给。最好在每天供给正常成人需要的9210千焦的基础上，再加上1475千焦，以供给性生活的消耗，同时为受孕积蓄一部分能量，这样才能使精强卵壮，为受孕和优生创造必要条件。

多吃含优质蛋白的食物，如豆类、蛋类、瘦肉以及鱼等，每天保证摄取足够的优质蛋白质，以保证受精卵的正常发育。

保证脂肪的供给。脂肪是机体热能的主要来源，其所含必需脂肪酸是构成机体细胞组织不可缺少的物质，增加优质脂肪的摄入对怀孕有益。

摄入充足的矿物质，如钙质、铁、锌、铜等，是构成骨骼、制造血液、提高智力的重要营养物质，可以维持体内代谢的平衡。

保证供给适量的维生素。维生素能够有助于精子、卵子及受精卵的发育与成长，但是过量的维生素，如脂溶性维生素也会对身体有害，因此建议多从食物中摄取，多吃新鲜的瓜果和蔬菜，适当补充维生素制剂。

服用叶酸。为避免胎儿无脑儿、脊柱裂等神经管畸形，应从孕前3个月到孕后3个月在医生指导下服用叶酸。

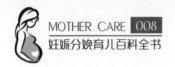
准爸爸优生饮食指导

现代社会，当高科技正在为人类社会创造前所未有的财富时，也给自然环境带来了污染与破坏，尤其是对食物链的破坏直接损害人体健康，其中最可怕的是对人类生育能力的影响。如果准备要宝宝，准爸爸在饮食上要多留心，避免有害物质对自己身体的伤害。

很多人把韭菜当做壮阳食品，其实韭菜的农药含量特别高，很难去毒，常吃韭菜对男性生育能力危害较大，准爸爸应尽量不吃。

现在市场上长得又肥又大的茄子大多是用激素催化而成，对精子生长有害，不宜多吃。

虽然水果皮有丰富的营养，但果皮的农药含量也很高，所以水果一定要削皮吃。

带皮的蔬菜吃之前也要去皮，然后洗干净，再下锅。可是很多年轻人图省事，认为经过加热后，就没有问题，实际上并非如此，不论怎么烧，毒素仍在菜里。

一般的蔬菜要先洗干净，再放入清水中浸泡一段时间，然后再下锅。

若是要生吃蔬菜，除洗泡外，吃之前还要用开水烫一下，这样做可能破坏了一些维生素，但农药的成分少了，对人体健康更安全。

过去饮中国的绿茶有益人体健康。但近年来，茶叶中农药含量严重超标，所以准爸爸不宜过多饮茶。

有些年轻人喜欢喝咖啡，但咖啡中的咖啡因对男性生育能力有一定影响，如果咖啡饮用过多，对男性生育能力危害更大，所以要少喝。

用泡沫塑料饭盒盛的热饭热菜可产生有毒物质二英，对人体危害特别大，对男性生育能力会产生直接影响。因此不要用泡沫塑料饭盒盛饭菜。

为了方便，年轻人喜欢用微波炉来加热饭菜，用微波炉专用的聚乙烯饭盒盛饭菜，饭盒中的化学物质会在加热过程中释放出来，进入饭菜中，使食用者受其毒害。有人用瓷器加热饭菜，其实瓷器含铅量很高，对人体更加有害。所以最好不要用微波炉加热饭菜。

冰箱里的熟食易被细菌污染，吃之前一定要再加热一次。冰箱里的制冷剂对人体也有危害，所以不要将食物长时期储存在冰箱里。

如今的肉类和鱼类在不同程度上都受到污染，所以不要单吃某一类食品，更不要偏食，尽量吃天然绿色食品，均衡营养。

准妈妈要提前服用叶酸

叶酸是一种水溶性B族维生素，因最初是从菠菜叶中提取得到的，故称为叶酸。食物中的叶酸进入人体后转变为四氢叶酸，在体内发挥生理作用。叶酸是机体不可缺少的维生素，在体内的总量仅5～6毫克，但几乎参与机体所有的生化代谢过程，参与体内许多重要物质如蛋白质、脱氧核糖核酸（DNA）等的合成。

当体内叶酸缺乏时，其直接的后果就是细胞的分裂和增殖受到影响。这在血液系统则表现为血红蛋白合成减少，红细胞不能成熟，从而导致巨幼细胞性贫血。如在妊娠早期缺乏叶酸，则会影响胎儿大脑和神经系统的正常发育，严重时将造成无脑儿和脊柱裂等先天畸形，也可因胎盘发育不良而造成流产、早产等。

目前已经证实，准妈妈孕早期叶酸缺乏是胎儿神经管畸形发生的主要原因。因此，在怀孕前后补充叶酸，可以预防胎儿发生神经管畸形。

怀孕以后，胎儿和胎盘开始形成和发育，母体子宫、乳房也进一步发育，这是细胞生长、分裂旺盛的时期，对叶

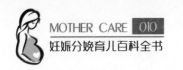
酸的需要量大为增加，可达到正常成年人的两倍。

妊娠早期是胚胎分化、胎盘形成的关键阶段，胎儿的神经管系统是最早发育的系统，如果缺乏叶酸，就可能导致胎儿畸形，尤其是胎儿神经系统的畸形。

妊娠中、晚期，母体血容量增加，子宫、胎盘、乳房迅速发育，胎儿继续迅速生长发育，加上这时准妈妈从尿中排出的叶酸量也增加，相应使叶酸的需要量增加。如叶酸供给不足，准妈妈发生胎盘早剥、先兆子痫、孕晚期阴道出血的概率就会升高，胎儿则容易出现宫内发育迟缓、早产、低出生体重。叶酸水平低下的母亲生下的婴儿体内叶酸贮备少，出生后由于身体迅速生长很快被耗尽，还会造成婴儿体内叶酸缺乏。这样婴儿出生后的生长发育，包括智力发育都会受到影响。

研究表明，准妈妈体内叶酸水平明显低于非准妈妈。其原因除了需要量增加和丢失量增多外，孕前妇女叶酸营养状况差也是一个原因。由于饮食习惯的影响，我国约有30%的育龄妇女缺乏叶酸，其中北方农村妇女更为严重。

温馨提示

为了提高人口素质，普遍提倡在计划怀孕前3个月就开始补充叶酸，直至妊娠结束。

补叶酸吃什么

绿叶蔬菜中，如菠菜、生菜、芦笋、龙须菜、油菜、小白菜、甜菜等都富含叶酸。谷类食物中，如酵母、麸皮面包、麦芽等，水果中，如香蕉、草莓、橙子、橘子等，以及动物肝中均富含叶酸。

生菜

油菜

菠菜

叶酸遇热会被破坏，因此建议食用上述食物时不要长时间加热，以免破坏食物中所含的叶酸。营养学家曾推荐准妈妈每天吃一只香蕉，因为香蕉富含叶酸与钾元素。为预防神经管缺陷，也可以口服药物，如斯利安或叶维胶囊0.8毫克／日，孕前3个月和孕后3个月口服，或直至妊娠结束。

准妈妈受孕前不宜多吃的食物

1 咖啡

研究表明，咖啡对受孕有直接影响。每天喝一杯咖啡以上的育龄女性，怀孕的可能性只是不喝咖啡者的一半。专家提出，女性如果打算怀孕，就应该少饮咖啡。

2 胡萝卜

胡萝卜含有丰富的胡萝卜素、多种维生素以及对人体有益的其他营养成分。美国妇科专家研究发现，妇女吃太多的胡萝卜后，摄入的大量胡萝卜素会引起闭经和抑制卵巢的正常排卵功能。因此，准备生育的妇女不宜多吃胡萝卜。

3 烤肉

有人发现爱吃烤羊肉的少数妇女生下的孩子患有弱智、瘫痪或畸形。经过研究，这些妇女和其所生的畸形儿都是弓形虫感染的受害者。

当人们接触了感染弓形虫病的畜禽，并吃了这些畜禽未熟的肉时，常会被感染。

4 甜食

很多女性对甜食有着无法抗拒的喜爱，因为吃甜食会刺激神经末梢，让人感到兴奋和愉快，但同时要为这种欢愉的感觉付出代价。

甜食具有高脂肪、高热量的特点，常食甜食容易引起体重增加，提高罹患糖尿病和心血管疾病的风险，同时容易引起蛀牙，对怀孕不利。

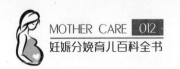
能提高精子质量的食物

有的男性，由于精子量少、活动力弱或无精而引起不育，其原因较为复杂。

如果不是机能障碍所致，应在日常生活中多食用能提高精子质量的食物，如鳝鱼、泥鳅、鱿鱼、带鱼、鳗鱼、海参、墨鱼、蜗牛等，其次有山药、银杏、冻豆腐、豆腐皮等。这是因为上述食物中含有丰富的赖氨酸，赖氨酸是精子形成的必要成分。

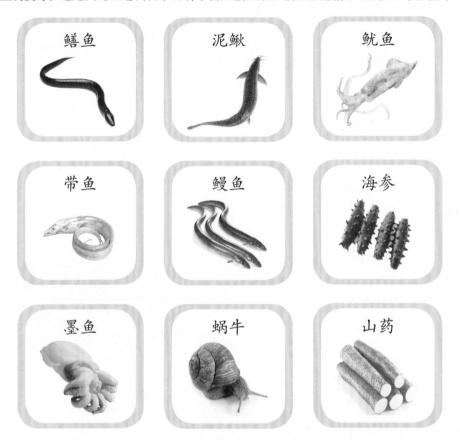

另外，准爸爸体内缺锌亦可使性欲降低，精子减少。如果遇到这些情况，准爸爸应多吃富含锌的食物。

温馨提示

山药可补肾强身，补气益精，适合准爸爸食用。准爸爸还应多吃芝麻、瘦肉等。

每100克以下食物中含锌量分别为：牡蛎100毫克、鸡肉3毫克、鸡蛋3毫克、鸡肝2.4毫克、花生米2.9毫克、猪肉2.9毫克。

准爸爸在食用这些食物时，注意不要饮酒，以免影响锌的吸收。如果严重缺锌，最好每日口服醋酸锌50毫克，定期测定体内含锌量。

巧食补让准妈妈远离贫血

准妈妈预备怀孕时，先去进行一下体检，查看自己是否贫血。假如血红蛋白低于110克／升，则属于缺铁性贫血。除了积极查清贫血原因和贫血程度外，还应向医生咨询，以便正确处理，避免怀孕后贫血加重，影响胎儿的生长发育，甚至危及母婴健康。

食补是纠正贫血非常安全有效的方法。在饮食上，应多吃瘦肉、家禽、动物肝及动物血（鸭血、猪血）、蛋类、绿色蔬菜、葡萄干及豆制品等食物，这些食物铁含量高，而且营养容易吸收。同时要多吃水果和蔬菜，其中所含的维生素C可促进铁的吸收。

> **温馨提示**
>
> 富含铁的动物性食品有猪肾、猪肝、猪血、牛肾、鸡肝、海蜇、虾子等；植物性食品含铁多的有黄豆、油豆腐、银耳、黑木耳、淡菜、海带、芹菜、荠菜等。

优孕优生须知

什么是出生缺陷

出生缺陷又称胎儿先天异常，是在胚胎及胎儿发育过程中出现的胎儿形态、结构、功能、代谢、精神、行为等方面的异常。

出生缺陷可以分为先天畸形、染色体异常及遗传疾病等三大类。到目前为止，已知的人类出生缺陷达4000多种，且不包括早产儿、低出生体重儿及智力发育迟缓的孩子。

存在出生缺陷的孩子有的在出生时就表现出来，有的在出生后一段时间甚至几十年后才表现出来，如苯丙酮尿症导致的智力低下、进行性肌营养不良、舞蹈病等。有

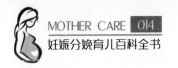
些出生缺陷，如先天性代谢病，常需特殊的检查技术才能诊断。

根据国外调查结果显示，在近三十年来婴儿的死亡原因中，由于营养不良及感染原因引起的婴儿死亡案例逐渐减少，因出生缺陷引起的死亡案例却相对增多。在一些发达国家中，出生缺陷已成为导致婴儿死亡的第一大原因。据统计，我国每年至少有30万存在出生缺陷的婴儿出生。由于出生缺陷可造成胎、婴儿的死亡和人类寿命的损失，并可导致大量儿童患病和长期残疾，因此成为当今世界各国极为重视的卫生问题。

导致出生缺陷的各种因素

近亲结婚容易导致出生缺陷

人体细胞中的染色体决定一个人全身的各种功能和外在表现。每个人的细胞中都有23对染色体，其中22对为常染色体，1对为性染色体。每个人的染色体上都会有一些异常基因，但由于在一对等位基因上，一个基因即使异常，另一个只要正常，有病的基因就表现不出来，所以从外观上看是正常的。

在近亲结婚的夫妻身上，如姑表兄妹，他们的父亲或母亲是由同一对父母所具有相同的基因，即这对表兄妹身上的基因有1/4是相同的，若他们的子女把这相同的1/4继承下来，就会使在一对等位基因上出现相同致病基因的概率大大增加，从而使有病的基因外显出来。这就是为什么近亲结婚容易生畸形儿的原因。统计表明，近亲婚配所生孩子的异常比例是同地区非近亲婚配所生子女异常比例的145倍。

温馨提示

为了家庭的幸福，下一代的聪明健康，国家的繁荣和民族的兴旺，未婚的年轻人万万不可感情用事，要充分认识近亲结婚的危害，以科学的观念选择配偶，一定要避免近亲结婚。

高龄生育容易导致出生缺陷

21-三体综合征的发生与准妈妈年龄有很大关系。35岁以下的准妈妈所生婴儿此病的发生率为1%～2%，35～40岁的准妈妈所生婴儿此病的发生率为3%，40岁以上的准妈妈所生婴儿此病的发生率可达4%。如果40岁以上的妇女不再生孩子，那么先天愚型的发生可减少一半。

维生素和矿物质缺乏容易导致出生缺陷

● 缺乏叶酸可导致胎儿神经管畸形，如无脑儿或脊柱裂等。

● 缺乏维生素A可引起胎儿脑积水。

● 缺乏维生素K，新生儿易患出血性疾病，如颅内出血、肺出血、消化道出血、皮肤黏膜出血等。

● 缺乏维生素B_6，新生儿易患维生素B_6缺乏性抽搐。

● 缺碘易患癫痫症。

● 缺锌可引起脑发育迟缓、宫内生长受限、出生缺陷等。

● 缺铁或缺钙会直接影响胎儿的造血功能。

准妈妈在孕期感染风疹等病毒容易导致出生缺陷

风疹是一种常见的病毒性传染病，感染风疹后首先出现类似感冒的症状，然后出疹，第二日消退，第三日退完，因此又常称为三日疹。有的患者不出疹子，尤其是成人，很容易被忽视。如果准妈妈感染风疹病毒，就可能通过胎盘传染胎儿，可使胎儿患先天性风疹综合征，表现为眼睛白内障、耳聋和先天性心脏病，称为先天性风疹病毒三联症。

若妊娠第一个月感染风疹病毒，胎儿患先天性风疹病毒三联症的概率可达50%。

弓形虫、巨细胞病毒、疱疹病毒、乳头瘤病毒、梅毒螺旋体等感染都可导致胎儿出现各种不同的出生缺陷。

准妈妈在孕期服用某些药物容易导致出生缺陷

在现有药物中，有15%左右的药物可对胎儿产生不良后果。

抗癌药物，如白消安、环磷酰胺、氮芥等可导致胎儿宫内生长受限、腭裂、肾发育不良、指趾畸形、心脏缺损等。

己烯雌酚容易导致女孩在青春期发生阴道癌或宫颈腺癌。

精神类药物，如苯妥英钠可引起胎儿上眼睑

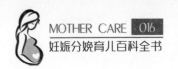

下垂、斜视、耳畸形、指趾发育不良、小脑畸形、智力低下、神经母细胞瘤、心脏缺损、唇腭裂等畸形。

准爸妈的不良生活嗜好容易导致出生缺陷

吸毒可导致胎儿颅内出血、尿道下裂、肾盂积水、消化系统异常等。急慢性中毒可增加胎、婴儿出生缺陷的发病率及死亡率。吸烟可影响精卵的质量，对胚胎发育也有不良影响。男子大量饮酒可导致精子发育不全，致使胎儿产生出生缺陷。

准妈妈在孕期接触有毒有害化学物质容易导致出生缺陷

有毒有害化学物质包括铅、汞等，均是常见的畸胎原，容易导致胎儿宫内生长受限、神经系统及智力障碍。化学污染常见于工业废水污染江河湖泊，这些有害化学物质引起的人体中毒是长时间累积造成的。

放射线也是令人担忧的畸胎原，其致畸效应由放射线的剂量来决定。一般诊断剂量的胸部X光照射并不会引起胎儿畸形，但是照射的剂量越大，或照射的部位越靠近子宫，畸形的危险性就越高。

怎样预防"缺陷宝宝"

根据我国的实际情况，应重点推广以下六项预防出生缺陷的措施：

- 避免近亲结婚。
- 预防接种，预防孕早期感染风疹病毒等。
- 补充叶酸，预防孕早期微量营养素缺乏。
- 避免接触铅、苯、农药等致畸物。
- 避免服用某些可致畸的药物。
- 孕期及早进行出生缺陷的产前筛查。

如何让宝宝继承你的聪明才智

遗传对智力的作用是客观存在的。父母的智商高，孩子的智商往往也高；父母智力平常，孩子智力也一般；父母智力有缺陷，孩子有可能智力发育不全或智力迟钝。

智力还受主观努力和社会环境的影响，后天的教育及营养等因素起到相当大的作用。家庭是智力发展最基本的环境因素，家庭提供了定向教育培养的优势条件。智力的家族聚集性现象恰恰说明了先天和后天因素对智力发展的作用。

由此可见，遗传是智力的基础，后天因素影响其发展。因此，要想使后代智力超群，就必须在优生和优育上下功夫，使孩子的智能得到充分发挥。

温馨提示

古今中外，有许多高智能结构的家族，如音乐家巴赫家族的8代136人中，有50人是著名的音乐家；我国南北朝时著名的科学家祖冲之的儿子祖恒之、孙子祖皓都是机械发明家，又都是著名的天文学家和数学家。

婚后不宜立即怀孕

在结婚前后，夫妻双方都为婚事尽力操劳，休息不好，吃不好，精力消耗也很大，会觉得精疲力竭。要想恢复双方的身体健康状况，确实需要一段相当长的时间。如果婚后不久，身体还未恢复时就怀孕，对胎儿生长的先天条件将会产生不良影响。因为夫妻的身体和精神状况会明显地影响精子和卵子的质量，并影响到精子和卵子结合后的胚胎、胎儿。婚后立即怀孕对妇女本身也不利，操劳所造成的疲惫还未恢复，再很快怀孕，可谓雪上加霜，身体会更坏。

现在旅游结婚比较普遍，在旅游时，生活无规律，心情紧张，精神及身体都很疲劳，机体抵抗力也会下降，这些都会影响精子和卵子的质量。旅游中，从一地到另一地，各地气候差别很大，天气也会有各种变化，极易受凉感

冒，加之疲劳、人群混杂、污染广泛等因素，会诱发各种疾病，其中风疹等病毒感染是胎儿畸形的重要诱因。

旅游中难免缺乏良好的洗漱、淋浴设备。这就不易保持会阴部和性器官的清洁卫生，泌尿生殖系统感染也十分常见，这对怀孕也极为不利。旅游中吃住卫生条件也不能保证，容易发生呼吸道或消化道感染，常需服用各种抗菌药物，无论是感染，还是服用药物，都对胎儿不利。

有的新婚夫妻在洞房第一次过性生活时就受孕，这也是不提倡的。新婚夫妇在结婚仪式上迎送亲朋好友，忙了一天，身体和精神状况都处于极度疲劳状态，这时受孕极为不利。在新婚宴席上，新郎新娘都要喝酒，甚至多喝几杯，如果酒后受孕，会对胎儿有害。新婚夫妇初次性交，没有经验，精神紧张，很难达到性高潮，这也对胎儿无益。

因此，新婚夫妇不宜急于怀孕。

温馨提示

受孕应在安逸愉快的生活条件下进行。受孕前先要创造良好的生活条件和环境，保证夫妇双方身体健康、精力充沛、精神愉快，使情绪处于舒畅和轻松状态，并保证有充分的食物营养、睡眠和休息。

孕期为什么要检查血型

为输血做准备。对分娩时有可能出血的新妈妈提早验好血型，备好血液，如果不能及时输血，延误抢救时机，大出血的新妈妈就会有生命危险。

预防新生儿溶血症。如果发生ABO或Rh血型不合，导致红细胞破坏过多，胎儿或新生儿就会出现黄疸、贫血等症状，即新生儿溶血症。重者可在24小时内出现黄疸，并能损害脑组织，引起核黄疸、脑瘫，造成终生残疾，或因心力衰竭而死亡。

血型为O型或有新生儿溶血史的准妈妈都应在分娩前尽早测定血清血型抗体的浓度。浓度较高者应进行治疗，减少或中和抗体，以预防新生儿溶血或减轻溶血程度。

准妈妈受孕前接种疫苗注意事项

无论接种何种疫苗都应遵循至少在接种后3个月再怀孕的原则，因为有的疫苗可能对胎儿有害，且注射疫苗的目的是为了产生抗体，保护准妈妈的健康，而抗体要在疫苗接种后一段时间后产生。

活疫苗，如风疹疫苗、麻疹疫苗等在怀孕早期可损害胎儿，故不宜使用。死疫苗，如乙肝、乙脑、白喉、破伤风、百日咳、伤寒、狂犬病等疫苗，对胎儿无害，孕期可以使用，但它只对准妈妈起抗病作用，对胎儿无免疫效果。

如果要注射一种以上的疫苗，需要咨询医生合理安排接种的间隔时间。

疫苗也是一种药物，多数是细菌或病毒经过灭活减毒处理后制成的，并非多多益善。只有坚持锻炼身体，增强体质，保持合理均衡的膳食营养，才是防病治病的关键。

准爸妈在孕前应调整好情绪

准备生育宝宝的年轻夫妻最好把怀孕安排在经济宽裕、学习和工作都不很紧张、心情愉快、情绪稳定的时候。

准爸妈应做好怀孕计划，统一意见，如什么时候怀孕、孩子出生后谁来带孩子、工作问题如何安排等，夫妻应齐心协力，共同应对怀孕生子带来的各种问题。

准妈妈要保持好情绪

愉快的情绪可以使人体内产生有益健康的物质，对怀孕有利；如果长期精神焦虑不安，情绪不愉快，肾上腺皮质激素就会分泌过多，过多的肾上腺皮质激素会对怀孕产生不良影响，甚至可能影响受孕。遇到较大的精神刺激时，女性可能会出现暂时性内分泌紊乱，不利受孕。

准爸爸也要保持好情绪

情绪对男性精子的生成、成熟和活动能力有一定影响。

如果因家庭琐事，夫妻不和，双方终日处于忧患和烦恼之中；或工作劳累，压力过大，整日情绪不佳，这些不良的精神状态都可直接影响神经系统和内分泌的功能，使睾丸生精功能出现紊乱，精液中的分泌液成分也受到影响，极不利于精子存活，大大降低了受孕的成功概率。严重者因情绪因素可造成早泄、阳痿，甚至不射精。

孕前检查项目

夫妻双方孕前检查内容

通过孕前检查来确定夫妻双方目前的健康状况是否良好，有无营养不良、贫血、肝病、肾病、生殖器官炎症以及对怀孕有不良影响的其他疾病，以便及时给予治疗。如果夫妻双方之一患有传染病或性病等，应在治疗好后再受孕，以免传给下一代。有些可能对怀孕造成影响的疾病，如反复发作的阑尾炎、妇科肿瘤等，应该先行手术再怀孕。

什么是优生四项检查

TORCH是代表可引起胎儿感染并造成胎儿畸形的四种病原体，即弓形虫、风疹病毒、巨细胞病毒、单纯疱疹病毒等。

TORCH是弓形虫（TOX）、风疹病毒（RV）、巨细胞病毒（CMV）、单纯疱疹病毒（HSV）的英文缩写。对这四种病原体的检测叫做优生四项检查，又叫TORCH检测。

TORCH中的第二个字母"O"也可解释为其他病原体，如柯萨奇病毒、B族链球菌、乙型肝炎病毒等，都是造成新生儿出生缺陷的重要环境生物因素。

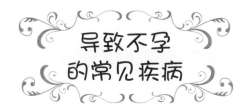

女性不孕的主要原因

1 排卵障碍或不排卵

女性如果出现卵巢发育不良、卵巢囊肿、卵巢早衰或多囊卵巢综合征等，就会导致卵巢功能障碍，从而引起排卵障碍。也可因过度节食，使体重显著降低，而导致卵巢功能障碍，引起闭经或排卵障碍。

2 输卵管闭塞或粘连

造成输卵管闭塞或粘连的常见原因包括输卵管炎和子宫内膜异位症。如果输卵管不通，精卵不能相遇，就无法实现受孕。

3 免疫因素

如果女方子宫颈黏液或血清存在抗精子抗体，就不易受孕。

4 妇科炎症

女性如果患有阴道炎、宫颈糜烂、子宫内膜炎、附件炎、盆腔炎或其他性传播疾病，就会不同程度地影响受孕。

男性不育的主要原因

1 精液异常

少精症、弱精症、畸形精子症、无精子症都会使精液处于病理状态。

2 生殖系统疾病

前列腺炎、精索静脉曲张、结核等疾病可造成不育。梅毒、淋病等性病会影响精子的生成、发育和活动能力。外生殖器损伤或畸形也可造成不育。

3 性功能障碍

阳痿、不射精或逆行射精等性交障碍也会引起不育。导致阳痿的因素包括心理性、血管性、内分泌及药物作用等。

胎教的重要意义

准爸妈良好的心理素质可为胎教打下基础

精卵结合，不仅输入了父亲和母亲的遗传信息，也输入了父母的心理素质信息。美好的愿望，幸福的憧憬，一片爱子之心。这无疑为精卵的结合创造了一个良好的环境，为胎教打下好的基础。

胎教成功的秘诀

胎教成功的秘诀，是相信自己宝宝的能力和对宝宝倾注的爱心和耐心。胎教的各种内容都是围绕一个目的，即输入良性信息，确保宝宝生存的内外环境良好。这要求准妈妈心态要好，情绪要稳定，营养要均衡。

此外，夫妻感情和睦，及时进行孕前检查，有病早治，顺利生产也是相当重要的。在此基础上，再给宝宝以良性感觉信息刺激，以开发胎儿大脑的潜能。

为宝宝将来的优良性格打好基础

母亲的子宫是宝宝第一个生长环境，小生命在这个环境里的感受将直接影响孩子性格的形成和发展。

如果宝宝在温暖的子宫中感受到母亲深厚的爱，那么孩子幼小的心灵将受到同化，会意识到等待自己的世界也是美好的，逐步形成热爱生活、果断自信、活泼外向等性格。

反之，如果夫妻关系不融洽，甚至充满了敌意或怨恨，或者母亲从心理上排斥或厌烦腹中的小生命，那么胎儿就会痛苦地体验到周围环境冷漠、仇视的氛围，随之形成孤寂、自卑、多疑、怯懦、内向等不良性格。显然，这会对孩子的未来产生不利影响。

因此，准爸妈应尽量为腹中的宝宝创造一个温馨、慈爱、幸福的生活环境，让宝宝拥有健康美好的精神世界，为孩子良好性格的形成打好基础。

新生命的孕育过程

高质量的受孕——优生宝宝的前提

要实现受孕，夫妻之间性生活的质量是非常重要的。

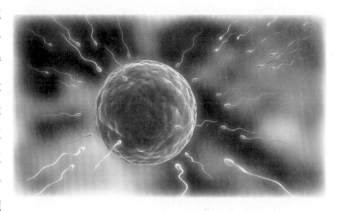

研究表明，女性在达到性高潮时，阴道的分泌物增多，分泌物中的营养物质如氨基酸和糖含量增加，使阴道中精子的运动能力增强。同时，阴道充血，阴道口变紧，阴道深部皱褶伸展变宽，便于储存精液。平时坚硬闭锁的子宫颈口也松弛张开，宫颈口黏液栓变得稀薄，使精子容易进入，而性快感与性高潮又促进子宫收缩及输卵管蠕动，有助于精子上行，从而达到受精的目的。

数千万个精子经过激烈竞争，强壮而优秀的精子与卵子结合，孕育出高素质的后代。所以，恩爱夫妻生下来的孩子健康、漂亮、聪明的说法是相当有道理的。

以受孕为目的的性生活特别需要性高潮，可以借助微弱的粉红色灯光，把恩爱的神情、温柔的触摸、亲昵的拥抱、甜蜜的接吻等在直视下传给对方，使爱之情感得到升华。

孕育宝宝的整个过程

怀孕也叫妊娠，是胎儿在母体内发育成长的过程。它包括精卵结合、受精卵的运送和种植、受精卵的发育、胎儿的成熟等过程。卵子受精是妊娠的开始，胎儿成熟后娩出及其附属物排出则是妊娠的终止，全过程约为40周。

精卵结合标志着新生命的诞生，受精卵是新生命的第一个细胞。这个在输卵管壶腹部形成的原始生命细胞，经过输卵管的蠕动，大约需要4天时间被运送到子宫腔内。受精卵先在子宫腔内游走，大约在排卵后的第8天种植在子宫内膜，称为着床。受精卵着床以后，不停地进行着细胞分裂，形成胚胎。

3周左右。胚胎头尾分出体节，逐渐形成骨骼和肌肉，开始出现人的形状。

4周后，胚胎手脚开始出现，并能分辨出头和躯干，脑部迅速生长，脑垂体及听神经开始发育，初步建立胚胎血液循环。

8周后，心、肝、消化、泌尿和生殖器官形成并发育，心脏有跳动，脸部形成，从此胚胎期结束，进入胎儿期。

生育宝宝的最佳月份

受孕的最佳月份应在7月和8月。在7~8月份受孕后，怀孕3个月时，正值凉爽的秋季，经过孕早期的不适阶段后，此时准妈妈食欲开始增加，睡眠也有所改善，而且秋天水果、蔬菜新鲜可口，鸡、鱼、肉、蛋供应充足，对准妈妈自身营养和胎儿发育都十分有利。

7~8月份受孕，还可以让最为敏感娇弱的孕早期避开寒冷和污染较严重的冬季，可减少孕早期的致畸因素。

7~8月份受孕，经过十月怀胎，孩子在来年4~5月份出生，正是春末夏初，气候适宜，新生儿护理比较容易，有利新妈妈身体恢复。

在春末夏初，婴儿衣着日趋单薄，洗澡不易受凉，还能到室外呼吸新鲜空气，多晒太阳，可预防佝偻病的发生。蔬菜品种也非常丰富，有利于供给母亲各种营养，便于供给孩子充足的奶水。当盛夏来临时，母亲和孩子抵抗力都已得到加强，容易顺利度过酷暑。当严冬来临时，孩子已经长到半岁了，平安过冬就较为容易了。

生育宝宝的最佳年龄

准妈妈的最佳生育年龄：调查发现，不满23岁的女性所生宝宝的体格发育往往滞后于23岁以后女性所生的宝

宝，而且早产或过期妊娠的比例比较高；年龄在35岁以上的高龄初新妈妈发生妊娠并发症、产科并发症、难产、先天愚型儿的概率明显增高。

只有年龄在25～35岁的女性所生的新生儿体格检查基本一致。由此说明，25～35岁是我国女性的理想生育年龄。

准爸爸的最佳生育年龄：男性的最佳生育年龄一般为27～35岁。此时男性的精子质量比较好，精力比较充沛，事业也比较稳定，有利于优生优育。

自测排卵日期

大部分妇女在下次来月经前两周左右（12～16天）排卵，所以可以根据自己以前月经周期的规律推算排卵期。由于排卵期会受疾病、情绪、环境及药物的影响而发生改变，应与其他方法结合使用。

1 用排卵预测试纸测试

首先确定通常的月经周期，即从每次月经的第1天到下次月经的第1天的天数。从月经周期第11天开始测试，每天一次，可以进行家庭自测，以便安排家庭生育计划，择期怀孕。

2 观察宫颈黏液

月经干净后，宫颈黏液常稠厚而量少，甚至没有黏液，称为干燥期，提示非排卵期。月经周期中期，随着内分泌的改变，黏液增多而稀薄，阴道的分泌物增多，称为湿润期。接近排卵期时，黏液变得清亮滑润而富有弹性，如同鸡蛋清状，拉丝度高，不易拉断，出现这种黏液的最后一天的前后48小时之间是排卵日，因此，在出现阴部湿润感时即排卵期，也称为易孕期。

3 测量基础体温

在一个月经周期内，女性的基础体温会有周期性变化，排卵后基础体温升高提示排卵已经发生，排卵一般发生在基础体温由低到高上升的过程中，在基础体温处于升高水平的3天内为易孕阶段，但这种方法只能提示排卵已经发生，不能预告排卵将在何时发生。

温馨提示

测量基础体温时，必须要经6小时充足睡眠后，醒来尚未进行任何活动之前测量体温并记录，任何特殊情况都可能影响基础体温的变化，要记录下来，如前一天夜里的性生活、近日感冒等。计划受孕应选择在排卵期前的湿润期。

讲究同房体位可增加受孕机会

同房时可用枕头或其他软物垫于女方臀部，使其身体呈头低臀高位。同房后，女方再仰卧半小时，不要马上起来清洗，这样可防止精液从阴道流出，促使精子进入子宫腔内，增加受孕机会。

应早知道怀孕了吗

想要孩子的女性应早知道自己是否怀孕，这样可较早对胎儿加以保护，避免有害因素影响，自我诊断的方法有：

1 月经停止

月经周期一贯规律的育龄妇女，如果月经到期不来，就应考虑到怀孕的可能，因为这是怀孕的最早信号，过期时间越长，妊娠的可能性就越大。

2 早孕反应

停经后出现的一些不适现象叫早孕反应。最先出现的反应是畏冷，并逐渐出现疲乏、嗜睡、头晕、食欲不振、疲乏无力、倦怠、挑食、喜酸、怕闻油腻味等现象，严重时还有恶心、呕吐等症状。

3 乳房变化

可感到乳房胀痛、增大，乳头、乳晕颜色加深，乳头增大，周围出现一些小结节。

4 测量体温

基础体温升高。一贯测量基础体温的女性，怀孕后可发现晨起基础体温往往升高0.3~0.5℃。

5 早孕试纸

在普通药店就能买到早孕试纸。可用此种试纸测试尿液，最好是早上第一次尿液，如出现两条红线，就预示着可能怀孕了。

温馨提示

如果怀疑怀孕了，应该去看医生加以证实，排除一些异常情况，切不可仅仅自行诊断。

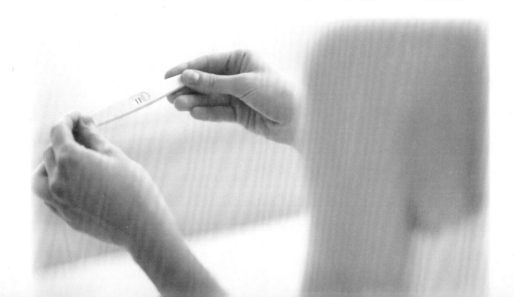

轻松计算预产期

预产期的公历计算方法是：末次月经的月份加9或减3，日期加7。

例如，末次月经时间为6月9日，预产期应这样计算：6−3=3（月），9+7=16（日），即预产期在次年的3月16日。末次月经时间是指末次月经见血的第一天。

预产期就是预计分娩的日期，医学上通常以周为计算单位，即孕周。实际分娩日期在预产期前后两周都属足月妊娠。

如果月经周期不规则或记不清末次月经时间，就可用以下方法推算预产期：

1 据早孕反应的时间推算

这种方法一般在准妈妈记不清末次月经的时间或月经不规律、哺乳期、闭经期妊娠时采用。一般妊娠反应在闭经6周左右出现，这时，预产期的推算方法是：出现早孕反应日加上34周，为预计分娩日。

2 据胎动出现的时间推算

一般情况下，准妈妈能感觉胎动出现是在怀孕18～20周，那么按胎动推算预产期的方法是胎动出现日期再加上20周，这就能推算出大约的预产期。

温馨提示

如果你的月经周期不太规则，或者记不清末次月经的日期，就应在怀疑怀孕后立即请医生帮助你核算预产期。

3 B超检查推算

主要通过B超测双顶径（BPD）、头臀长（CRL）及股骨长（FL）进行测算。孕早期B超对胎龄的估计较为准确。

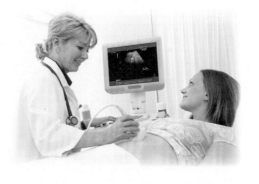

宝宝性别是如何决定的

正常人体体细胞的细胞核里都有23对（46条）染色体。其中22对（44条）是常染色体，与性别无关，决定其他的遗传性状，只有一对性染色体决定性别。性染色体分为X染色体和Y染色体两种。男性体细胞中的一对性染色体分别是X和Y，即XY型；女性体细胞中的一对性染色体两个都是X，即XX型。

精子和卵子所含染色体数量是体细胞的一半，即23条染色体。女性产生的卵子只有带X的性染色体。男性产生的精子有两种染色体，带X染色体和带Y染色体的精子

各占一半。当带X染色体的精子和卵子结合，受精卵的性染色体则为XX，便是女胎。带Y染色体的精子和卵子结合，受精卵的性染色体则为XY，便是男胎。一次射精产生的精子可达几亿之多，是带X还是带Y染色体的精子与卵子结合，完全是偶然的，并不受男方的意志控制，更不是女方的过错，生男生女任何一方都无可埋怨。

不要迷信"酸儿辣女"的说法

生男生女自古以来就是人们很关注的问题。事实上，胎儿的性别完全是随机产生的，不以人的意志为转移。在卵子受精的一瞬间就决定了胎儿的性别，无论准妈妈服多少中药、西药，或请"大师"换胎都是无济于事的，只可能影响母子健康。

妊娠以后，滋养细胞分泌的人绒毛膜促性腺激素（HCG）会抑制胃酸分泌，使准妈妈胃酸分泌减少，消化酶活性降低，影响消化功能。吃酸性食物可刺激胃分泌腺，使胃液增加，提高胃酸活性，有利于消化，缓解消化不良症状。所以准妈妈适当吃橘、梅等水果有益处。但如迷信"酸儿辣女"的说法，而吃过多酸辣食物，则会损害身体，对胎儿不利。

孕早期

惊喜的第1个月

小宝宝的发育状况

当卵子和精子结合后的5~6日，受精卵从输卵管游走到子宫，在子宫内着床，开始发育，就像种子埋入了土壤。在前8周时，还不成人形，还不能称为胎儿，应该称为胚胎。

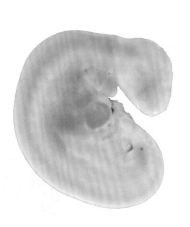

在怀孕第三周，这个小胚胎长0.5~1厘米，体重不到1克，像一条透明的小鱼，长有鳃弓和尾巴，这和其他动物的胚胎发育并无两样。原始的胎盘开始成形，胎膜于此时形成。这时胚胎生活在一个毛茸茸的小球内，小球内充满了适宜胚胎生长的液体，胚胎像鱼一样在其中漂浮。

准妈妈身体的变化

这时期因为胚胎太小，母体的激素水平较低，准妈妈一般不会有不舒服的感觉，较敏感的人身体可能会有畏寒、低热、慵懒、困倦及嗜睡的症状，粗心的准妈妈往往还误以为是患了感冒呢！这时子宫的大小与未怀孕时基本相同，只是稍软一点。

准妈妈注意事项

初次怀孕的女性对妊娠认识不足，或者根本不了解身体的反应，以致误食药物，或者疏忽了生活上的细节，都很可能对胎儿和母体产生不良的影响。

怀孕初期可能会有低热、倦怠等类似感冒的症状，如果随便找一些抗感冒药吃，不仅不能达到治疗的效果，说不定还会导致畸形儿呢！因为目前的抗感冒药大多数都是准妈妈禁服的。

当感觉身体不适时，不要勉强做运动或远游，过度运动可导致一部分人阴道流血，甚至流产。不要接触有毒物质，如烫发水、染发剂、农药、铅、汞、镉等。做X光、CT等放射检查之前，应先确定有无怀孕。少用电脑、微波炉、手机、电热毯，少看电视，远离电磁污染。这个时期外界的影响对胚胎来说可能是致命的。

有习惯性流产病史的女性要在医生指导下卧床静养，采取相应的保胎措施。

准妈妈孕1月指南

● 第一个月的准妈妈一般不会有特别不适的感觉，但这个时期是胎儿发育的重要时期。

● 一旦停经，要想到是不是怀孕了，应该马上去看妇产科医生。

● 一旦确诊怀孕，并计划要孩子，你就应该向家人、单位领导和同事讲明，以便安排好今后的生活和工作。

● 一定不要乱用药物，乱做检查。

● 回家后尽可能早些休息，缓解疲惫的感觉，保证第二天有一个好的工作状态。

● 补充叶酸。叶酸的补充最好是从孕前3个月开始，如果你没有提前补充，现在也为时不晚，马上开始。

● 适当地进行户外活动，补充氧气，这样既可赶走困倦，又可改善心情。

● 正确认识怀孕，调整好情绪，一个新生命的孕育应该伴随着愉快开始。

准妈妈要远离电磁辐射

研究表明，怀孕早期的妇女如果每周在电脑前工作20个小时以上，其流产率有所增加，畸形胎儿的出生率也会提高。因此，孕前及怀孕早期妇女还是尽可能远离手机与电脑。

专家提议，应让孕前女性及准妈妈暂时离开电脑、电视等视屏岗位，至少在怀孕的头3个月，即胎儿器官形成期，暂离此类工作环境，仍在这一工作岗位的，必须穿着特殊防护服装。长期在电磁辐射环境下工作的准妈妈即使顺利产下婴儿，婴儿的智力和体质也可能已受到损伤。

准妈妈要学会记录妊娠日记

妊娠日记就是准妈妈把在妊娠期间所发生的与孕期保健有关的事情记录下来。写妊娠日记可以帮助准妈妈掌握孕期活动及变化，帮助医务人员了解准妈妈在妊娠期间的生理及病理状态，为及时处理异常情况提供依据，可以减少因记忆错误而造成病史叙述不当及医务人员处理失误。

妊娠日记内容要简明确切，下列重要内容切不可忘记：

- 末次月经日期。

- 早孕反应的起始与消失日期，有哪些明显的反应。

- 第一次胎动的日期与以后每日的胎动次数。

- 孕期出血情况，记录出血量和持续日期。

- 若孕期患病，则应记录疾病的起止日期、主要症状和用药品种、剂量、日数、副反应等内容。

- 有无接触有毒有害物质及放射线。

- 重要化验及特殊检查结果，如血尿常规、血型、肝功能、B超等。

- 如曾经有过情绪激烈变化或性生活，也应加以记录。

准妈妈孕1月饮食指导

准妈妈在第一个月时，可按照正常的饮食习惯进食，营养丰富全面，饮食结构合理，膳食中应该含有人体所需要的所有营养物质，要包括蛋白质、脂肪、糖类、水、各种维生素和必需的矿物质、膳食纤维等40多种营养素。

要保证充足的优质蛋白质，以保证受精卵的正常发育。可多吃鱼类、蛋类、乳类、肉类和豆制品等食物。

每天摄入150克以上糖类。如果受孕前后糖类和脂肪摄入不足，准妈妈一直会处在饥饿状态，就可能影响胎儿生长和智力发育。糖类主要来源于蔗糖、面粉、大米、玉米、红薯、土豆、山药等粮食作物。

维生素对保证早期胚胎器官的形成发育有重要作用。准妈妈要多摄入维生素C、B族维生素等，尤其要多摄入叶酸。叶酸普遍存在于有叶蔬菜、柑橘、香蕉、动物肝脏、牛肉中。富含B族维生素的食物有谷类、鱼类、肉类、乳类及坚果等。

锌、钙、磷、铜等矿物质对早期胚胎器官的形成发育有重要作用。富含锌、钙、磷、铜的食物有乳类、肉类、蛋类、花生、核桃、海带、木耳、芝麻等。

少吃多餐，饮食清淡。为了避免或减少恶心、呕吐等早孕反应，可采用少吃多餐的办法，注意饮食清淡，不吃油腻和辛辣食物，多吃易于消化、吸收的食物。蔬菜应充分清洗，水果应去皮，以避免农药污染。

要采用合理的加工烹调方法。合理的加工烹调方法可以减少营养物质的损失，符合卫生要求，避免各种食物污染，保留食物原味为主，少用调味料。炊具用铁制或不锈钢制品，不用铝制品和彩色搪瓷用品，以免铝元素、铅元素对人体造成伤害。

准妈妈应养成良好的饮食习惯。定时用餐，三餐之间最好安排两次加餐，进食一些点心（饼干、坚果）、饮料（奶、酸奶、鲜榨果汁等）、蔬菜和水果，定量用餐，不挑食、偏食，少去外面就餐。

准妈妈进餐时应保持心情愉快。家中餐厅温馨幽雅有助于增进食欲，保证就餐时不被干扰。

准妈妈不宜过量吃水果

不少准妈妈喜欢吃水果，甚至还把水果当蔬菜吃。她们认为这样既可以补充维生素，将来出生的宝宝还能皮肤白净，健康漂亮。

营养专家指出，这种想法是片面、不科学的。虽然水果和蔬菜都含有丰富的维生素，但是两者还是有区别的。水果中纤维素含量并不高，但是蔬菜中纤维素含量却很高。如果过多地摄入水果，而不吃蔬菜，就会减少纤维素的摄入量。有的水果中糖分含量很高，如果孕期糖分摄入过多，还可能引发妊娠期糖尿病。

准妈妈吃鱼好处多

准妈妈多吃鱼，特别是海产鱼，可使孩子更加聪明。所以，在准妈妈的日常膳食中应适当增加鱼类食物。

沙丁鱼、鲐鱼、青鱼等海鱼，通过食物链，可从浮游生物中获得微量元素，储存于脂肪中。

二十二碳六烯酸（DHA）是构成大脑神经髓鞘的重要成分，能促进大脑神经细胞的发育。多食富含DHA的鱼类，宝宝会更聪明。

二十碳五烯酸是人体必需的脂肪酸，机体自身是不能合成的。它具有多种药理活性，可以抑制促凝血素A_2的产生，使血液黏度下降，使抗凝血脂Ⅲ增加，这些活性都可以起到预防血栓形成的作用。同时，二十碳五烯酸在血管壁能合成前列腺环素，可使螺旋动脉得以扩张，以便将足够的营养物质输送给胎儿，促进胎儿在母体内的发育。

另外，鱼肉中含有较多磷质、氨基酸，这些物质对胎儿中枢神经系统的发育会起到良好的作用。

在准妈妈的膳食中增加些鱼类食物，对胎儿和准妈妈本身来说，都是十分有益的。

准妈妈不宜偏食

准妈妈偏食一般是指偏爱吃某一种或某几种食品。如果准妈妈食物品种过于单调，造成体内营养不均衡，导致某种营养素的缺乏，对自身健康和胎儿发育不利。

常喝准妈妈奶粉，方便补充营养

要想使准妈妈补充足够的营养，又为胎儿健康成长提供必需的营养元素，同时又要不过量饮食，杜绝肥胖，一个最好的办法就是喝准妈妈奶粉。

品质良好的准妈妈奶粉含有准妈妈、新妈妈、胎儿必需的各种营养成分，如维生素和各种必需的微量元素等。准妈妈可以每天早晚各一杯。

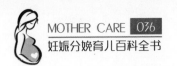

准妈妈最易忽视的营养素

调查表明，孕期最容易忽视的营养素，一是水，二是新鲜的空气，三是阳光。

1 水

除了必要的食物营养之外，水也是必需的营养物质。但是，水却经常被人们所忽视。

众所周知，水占人体体重的60%，是人体体液的主要成分，饮水不足不仅会引起干渴，同时还会影响到体液的电解质平衡和养分的运送。调节体内各组织的功能，维持正常的物质代谢都离不开水。所以，在怀孕期间要养成多喝水的习惯。

2 清新的空气

清新的空气对生活在城市的人们来说确实是一种奢侈品。随着近年来机动车辆的增多，空气污染已经成为一种社会的公害。但是，有些准妈妈因为怕感冒，不经常开窗，从而影响空气的流通，长此以往，会影响准妈妈的健康。因此，一定要注意室内空气的清新。

3 阳光

阳光中的紫外线具有杀菌消毒的作用，更重要的是通过阳光对人体皮肤的照射，能够促进人体合成维生素D，进而促进钙质的吸收和防止胎儿患先天性佝偻病。

重视孕早期检查

怀孕早期检查一般在停经40天后进行。通过第一次孕期检查以明确以下问题：

- 怀孕对母体有无危险，准妈妈能否继续怀孕。
- 准妈妈生殖器官是否正常，对今后分娩有无影响。
- 胎儿发育情况是否良好，是否需要采取措施。
- 化验血液、尿液，看有无贫血或其他问题。
- 肝功检查，如有肝炎应中止妊娠。
- 准妈妈有无妇科疾病，以便及时发现与治疗，避免给胎儿带来危害。

识别假孕真面目

假孕患者多为结婚2~4年未怀孕的少妇，她们急切盼望怀孕，在强烈的精神因素影响下，会产生食欲不振、喜欢酸食、恶心、呕吐、腹部膨胀、乳房增大等一系列酷似早孕反应的症状和体征。怎样从医学上来解释这种现象呢？

研究发现，有些妇女婚后盼子心切，大脑皮质中会逐渐形成一个强烈的"盼子"兴奋灶，影响了中枢神经系统的正常功能，引起下丘脑垂体功能紊乱，体内孕激素水平增高，抑制了卵巢的正常排卵，最后导致停经。另一方面，停经之后，由于孕激素对脂肪代谢的影响，逐渐增多的脂肪便堆积在腹部，脂肪的沉积加上肠腔的积气，会使腹部膨胀增大。腹主动脉的搏动或肠管蠕动使患者认为这就是"胎动"。闭经、腹部增大和所谓的"胎动"让患者误以为自己有孕在身。

经过简单的检查就能识别假孕。医生要对假孕患者耐心解释，必要时做B超检查。若患者情绪波动较大，可给予谷维素、维生素B₁、安定等调节自主神经紊乱与镇静的药物。

温馨提示

如果婚后未采取避孕措施，3年仍未怀孕，夫妇双方均应到医院做全面系统的检查，找出不孕的原因，并进行相应的治疗。

学会计算孕周

计算孕周时，在妇产科检查中一般都从末次月经的第一天开始算起。从末次月经的第一天开始，整个孕期是9个月零7天，共280天。每7天为一个孕周，共计40个孕周。每28天为一个孕月，共10个孕月。

有的准妈妈会有疑问，认为不可能是来月经的那天怀孕的。这话很对。通常怀孕要在月经后的14天左右，于是就有一个受精龄的问题，受精龄是从受精那天开始算起，即280减去14，共266天，38个孕周。

由于末次月经的第一天比较好记忆，医生计算孕周时，通常从末次月经第一天开始计算。对月经不准的准妈妈，胎龄常常和实际停经时间不一样，需要结合B超、阴道检查、发现怀孕的时间、早孕反应的时间、胎动的时间等指标来进行科学推断。

子宫随着妊娠的进展而逐渐增大，宫底高度随胎儿生长而增长，同时与羊水量有一定的关系，根据手测子宫底高度及尺测耻骨上子宫长度，可以判断孕周数，见下表。

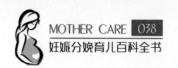
　　宫底高度因准妈妈的脐耻间距离、胎儿发育情况、羊水量、单胎或多胎等稍有差异。一般情况下，医生可通过产前检查了解胎儿发育情况，判断胎儿大小。如果条件允许，准妈妈可在家中进行测量。准备一把软尺，早晨起床后排空膀胱，平卧位，测量耻骨联合正中上缘至宫底的高度，对照下表判断子宫的增长是否符合孕周。这样有助于早期发现巨大儿、羊水过多、胎儿宫内发育受限等。

子宫高度与孕周的关系

孕周	手测宫底高度	尺测宫底高度（厘米）
12周末	耻骨联合上 2～3横指	
16周末	脐耻之间	
20周末	脐下1横指	18（15.3～21.4）
24周末	脐上1横指	24（22.0～25.1）
28周末	脐上3横指	26（22.4～29.0）
32周末	脐与剑突之间	29（25.3～32.0）
36周末	剑突下2横指	32（29.8～34.5）
40周末	脐与剑突之间或略高	33（30.0～35.3）

准妈妈该知道的数据

- 胎儿在母体内生长的时间：40周，即280天。
- 预产期计算方法：末次月经首日加7，月份加9（或减3）。
- 妊娠反应出现时间：停经40天左右。
- 妊娠反应消失时间：妊娠第12周左右。
- 自觉胎动时间：妊娠第16～20周。
- 胎动正常次数：每12小时30～40次，不应低于10次。
- 早、中、晚各测1小时，将测得的胎动次数相加乘以4。
- 早产发生时间：妊娠第28～37周内。
- 胎心音正常次数：每分钟120～160次。
- 过期妊娠：超过预产期14天。
- 临产标志：见红、阴道流液、腹痛，每隔5～6分钟子宫收缩1次，每次持续30秒以上。
- 产程时间：初新妈妈12～16小时，经新妈妈6～8小时。

　　以上数字是准妈妈应当掌握的，当出现异常情况时，应及时去医院检查。

谨防宫外孕

受精卵的正常受精部位是输卵管，通过游走，最后着床在子宫腔内，子宫腔为受精卵的生长发育提供充足的空间和丰富的血供。受精卵在子宫腔外"安营扎寨"就叫宫外孕。95%的宫外孕在输卵管，也有在卵巢和腹腔的。

停经、阴道流血、腹痛下坠是宫外孕的典型表现。如果下腹痛加剧，伴有恶心、呕吐、头晕、出汗、面色苍白、肛门下坠或者有大便感，说明可能有内出血，是危险之兆，应及时就诊，不能延误治疗。

若出现以下情况，应警惕宫外孕：

● 当妇女下腹痛时，尤其是准妈妈出现腹痛时，一定警惕宫外孕。

● 宫外孕是比流产更严重的疾病，随着胎儿长大，输卵管会破裂而引起大出血，不仅胎儿保不住，还威胁母亲生命。

● 当出现停经、月经明显少于以往、阴道不规则出血、腹痛等征象时，就要去看医生，因为宫外孕的症状不很典型，病人要把发病以来的细节向医生讲明，让医生判断是否患有宫外孕。

● 宫外孕易和其他腹痛毛病相混淆，应注意区分。肠套叠的症状是阵发性剧烈腹痛，大便带血；阑尾炎产生的疼痛是从上腹部开始，逐渐移至右下腹，可伴有发热；肠扭转的症状是突然出现腹痛、腹胀；胆石症的症状是右上腹痛，有胆结石史。宫外孕产生的疼痛症状是下腹剧痛，可偏于一侧，伴有失血的征象。

● 应早期诊断、早期发现、早期治疗宫外孕，否则会给准妈妈带来生命危险。

如何早期发现宫外孕呢？已婚育龄妇女一旦月经超期，发现不规则阴道流血，伴有剧烈下腹一侧疼痛，就应立即到医院就诊，不要耽误时间，以免流血过多而危及生命。

做好孕期的胎教计划

在怀孕之初，准妈妈就应做好孕期的胎教计划。准妈妈的健康、情绪、饮食等都属于胎教的内容。在胎儿发育的每个月份，科学地提供视觉、听觉、触觉等方面的刺激，使胎儿的大脑神经细胞不断增殖，神经系统和各个器官的功能得到合理的开发和训练，以最大限度地发掘胎儿的智力潜能。

了解聪明宝宝的脑发育过程

- 在受孕后的第20天左右，胚胎大脑原基形成。

- 孕2月时，胚胎大脑沟回的轮廓已经很明显。

- 孕3月，胚胎脑细胞的发育进入了第一个高峰时期。

- 孕4月至孕5月时，胎儿的脑细胞仍处于迅速发育的高峰阶段，并且偶尔出现记忆痕迹。

- 孕6月，胎儿大脑表面开始出现沟回，大脑皮质的层次结构也已经基本定型。

- 孕7月，胎儿大脑中主持知觉和运动的神经已经比较发达，开始具有思维和记忆的能力。

- 孕8月时，胎儿的大脑皮质更为发达，大脑表面的主要沟回已经完全形成。

难言的第2个月

小宝宝的发育状况

怀孕满7周时，胚胎身长约2.5厘米，体重约4克，满8周已初具人形了。

心、胃、肠、肝等内脏及脑部器官开始分化。手、足、口、耳等器官已形成，小尾巴逐渐消失，可以说已是越来越像人了，但仍是头大身小，眼睛就像两个黑点分别位于头的两侧。

因为胚胎所需的营养越来越多，绒毛膜更发达，胎盘形成，脐带出现，母体与胚胎的联系更加密切。

准妈妈身体的变化

在第二个月内，妊娠反应始终伴随着准妈妈，身体慵懒发热，食欲下降，恶心呕吐，情绪不稳，心情烦躁，乳房发胀，乳头时有阵痛，乳晕颜色变暗，有些人甚至会出现头晕、鼻出血、心跳加速等症状。

怀孕的惊喜被随之而来的不适所代替，这些都是妊娠初期特有的现象，不必过于担心。

在第二个月里，准妈妈的子宫如鹅卵一般大小，比未怀孕时要稍大一点，但准妈妈的腹部表面还没有增大的痕迹。

准妈妈注意事项

准妈妈在此时期容易流产，必须特别注意。应避免搬运重物或做剧烈运动，而且

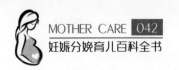

做家务与外出次数也应尽可能减少。不可过度劳累，多休息，睡眠要充足，尤其要注意禁止性生活。保证充足的氧气，每天到绿地或小区花园中散会步。

这段时间是胎儿脑部及内脏的形成时期，不可接受X光检查，也不要随意服药，尤其要避免感冒。

烟和酒会给胎儿带来不良影响，准爸爸注意不要在家吸烟。

准妈妈孕2月指南

- 选择你所信赖的医院和医生，开始产前保健。

- 少到或不到人多的公共场合，尽量避免患上传染病。

- 如果在工作中需要搬运重物，千万不要勉强。

- 怀孕初期会出现恶心、呕吐等妊娠反应，你要放松精神，不要给自己太大的压力。

- 要注意补充水分，多喝水，让体内的有毒物质及时从尿液中排出。上班前别忘了在包里带上几个水果。有条件的话，也可以带些可口的饭菜作为工作午餐。

- 适量补充优质蛋白质。

- 准备塑料袋，以备呕吐时急用。

- 由于妊娠反应和体质的变化，你也许会感到心情焦躁，要注意控制情绪，可以听听音乐，做做深呼吸。

- 集中精力工作是缓解妊娠反应的一种有效办法。

- 整理居室环境，把可能绊脚的物品重新归置，将常用物品放在方便取放的地方，在卫生间及其他易滑倒的地方加放防滑垫，在马桶附近安装扶手。

- 让居住、工作环境保持良好的通风状态。

孕期性生活原则

有人认为，孕期性生活会对胎儿造成不利的影响，却又担心孕期禁欲影响夫妻感情。其实孕期是不需要禁欲的。那么怎样过性生活才较安全呢？

1 妊娠3个月内

怀孕最初3个月内不宜性交，因为这个时期胎盘还没有完全形成，胎儿处于不稳定状态，最容易引起流产。怀孕4个月后，胎盘发育基本完成，流产的危险性也相应降低了，适度的性生活可带来身心的愉悦，但还是不能和非孕时完全相同，在次数和方式方面都要控制。分娩前3个月也不宜性交，以免引起早产和产后感染。

在不宜性交的时期，可考虑采取性交以外的方式，如温柔的拥抱和亲吻，用手或口来使性欲得到满足。

2 妊娠4~6个月

准妈妈比较安定，可每周性交一次。性交前准妈妈要排尽尿液。清洁外阴，丈夫要清洗外生殖器，选择不压迫准妈妈腹部的性交姿势。性交时间不宜过长，并且注意不要直接强烈刺激女性的性器官，动作要轻柔，插入不宜过深，频率不宜太快，每次性交时间以不超过10分钟为度。性交结束后准妈妈应立即排尿，并洗净外阴，以防引起上行性泌尿系统感染和宫腔内感染。

倘若这个阶段性生活过频，用力较大，或时间过长，就会压迫腹部，使胎膜早破或感染，导致流产。

3 妊娠晚期

特别是临产前的1个月，即妊娠9个月后，胎儿开始向产道方向下降，准妈妈子宫颈口放松，倘若这个时期性交，羊水感染的可能性较大，有可能发生羊水外溢（即破水）。同时，孕晚期子宫比较敏感，受到外界直接刺激，有突发子宫加强收缩而诱发早产的可能。所以，在孕晚期必须绝对禁止性生活。

孕期性生活最好使用避孕套或体外排精：在孕期里过性生活时，最好使用避孕套或体外排精，以精液不入阴道为好。因为精液中的前列腺素被阴道黏膜吸收后，可促使怀孕后的子宫发生强烈收缩，不仅会引起准妈妈腹痛，还易导致流产、早产。

温馨提示

有习惯性流产和早产病史的妇女，或高龄初新妈妈，或结婚多年才怀孕的妇女，为安全起见，整个妊娠期都应禁止性生活。

准妈妈不宜吸烟

研究表明，准妈妈吸烟对胎儿影响极大，危害严重，准妈妈应禁止吸烟。

准妈妈在妊娠早期吸烟，尼古丁等有毒物质可使体内的黄体酮分泌减少，影响子宫内膜的蜕膜反应，会使孕卵发育不良而引起流产。资料表明，准妈妈吸烟极易造成流产、早产、死胎，还容易发生各种围产期并发症。准妈妈吸烟每日不超过1包者，其胎儿在围产期死亡率比不吸烟者增加20%；准妈妈每日吸烟超过1包者，其胎儿在围产期死亡率增加35%。

准妈妈大量吸烟还可导致胎儿先天性心脏病、腭裂、兔唇、痴呆及无脑儿等畸形，给家庭和社会带来不幸和负担。

长期吸烟的妇女在妊娠晚期容易并发胎盘早期剥离、前置胎盘、出血、羊水早破等，而且初生婴儿的体重大多低于正常婴儿，一般比不吸烟母亲生的孩子体重平均低200克，其身高、头围、胸围也都小于正常婴儿，智力发育迟缓，记忆力和理解力也较差。可见，准妈妈吸烟对母子健康危害极大，准妈妈在孕期不宜吸烟。

准妈妈不宜饮酒

准妈妈经常饮酒和酗酒不仅损害自身健康，还会殃及腹中胎儿，造成不幸。

饮酒对准妈妈的影响是多方面的。酒精能妨碍人体对叶酸和维生素B_1的吸收，引起贫血或多发性神经炎；经常饮酒会影响食欲，造成营养不良；大量饮酒必然加重肝脏负担；饮酒还能使呼吸道防御功能降低，使准妈妈易患呼吸道疾病。这些危害准妈妈身体健康的因素均可直接或间接地影响到胎儿的生长发育。

酒精对胎儿影响也非常大，会使胎儿直接受到毒害。酒精使胎儿发育缓慢，而且会造成胎儿某些器官畸形。摄入酒精较多的准妈妈，其子女1／3以上存在不同程度的缺陷，如小头、小眼、下巴短、脸扁平窄小、身子短，甚至发生心脏和四肢畸形。妊娠早期饮酒，胎儿的大脑细胞分裂会受到阻碍，易导致中枢神经系统发育障碍，即智力低下。胎儿生长的高峰是在妊娠的6个月后，这个时期准妈妈饮酒将会给胎儿带来更加严重的危害。

准妈妈孕2月饮食指导

准妈妈在孕2月时，腹中胎儿尚小，发育过程中不需要大量营养素，摄入的热量不必增加。只要能正常进食，适当增加优质蛋白质，就可以满足胎儿生长发育的需要了。

如果准妈妈有轻微恶心、呕吐现象，可吃点能减轻呕吐的食物，如烤面包、饼干、米粥等。干食品能减轻准妈妈恶心、呕吐的症状，稀饭能补充因恶心、呕吐失去的水分。

为了减轻晨吐，早晨可以在床边准备一杯水、一片面包，或一小块水果、几粒花生米，这些食品会帮助抑制恶心。

蛋白质每天的供给量以80克为宜。不必追求数量，要注重质量。

由于早孕反应，如果准妈妈实在吃不下脂肪类食物，也不必勉强自己，此时可以动用自身储备的脂肪。豆类、蛋类、乳类食品也可以少量补充脂肪。含淀粉丰富的食品不妨多吃一些，以提供必需的能量。

维生素是胎儿生长发育必需的物质，B族维生素、维生素C、维生素A都是孕2月必须补充的。准妈妈尤其应注意多补充叶酸，多吃新鲜的蔬菜、谷物、水果等。

准妈妈还要注意补充水和矿物质，特别是早孕反应严重的人，因为剧烈呕吐容易引起水盐代谢失衡。准妈妈要多吃干果，不仅可补充矿物质，还可补充必需脂肪酸，有利于宝宝大脑发育。

准妈妈不宜全吃素食

有些妇女担心身体发胖，平时多以素食为主，不吃荤食，怀孕后加上妊娠反应，就更不想吃荤食了，结果形成了全吃素食。这种做法是很不科学的。

荤食大多含有一定量的牛磺酸，再加上人体自身能合成少量的牛磺酸，因此饮食正常的人一般不会缺乏牛磺酸。准妈妈对牛磺酸的需要量比平时要多，本身合成牛磺酸的能力又有限，如果再全吃素食，而素食中很少含有牛磺酸，久而久之，必然造成牛磺酸缺乏。如果准妈妈缺乏牛磺酸，胎儿出生后易患视网膜退化症，个别甚至导致失明。因此，从外界摄取一定数量的牛磺酸就十分必要。

因此，准妈妈要多吃素食，但也应注意荤素搭配。

准妈妈不宜多食酸性食物

准妈妈在妊娠早期可能出现挑食、食欲不振、恶心、呕吐等早孕症状，不少人嗜好酸性饮食。研究发现，妊娠早期的胎儿酸度低，母体摄入的酸性药物或其他酸性物质容易大量聚集在胎儿组织中，影响胚胎细胞的正常分裂增殖与生长发育，并易诱发遗传物质突变，导致胎儿畸形。

在妊娠后期，胎儿日趋发育成熟，其组织细胞内的酸碱度与母体相接近，受影响的危害性相应小些。因此，准妈妈在妊娠初期大约两周时间内，不宜服用酸性药物、饮用酸性饮料或食用酸性食物。

如果准妈妈确实喜欢吃酸性食品，就应选择营养丰富且无害的天然酸性食物，如西红柿、樱桃、杨梅、石榴、海棠、橘子、草莓、酸枣、葡萄等新鲜水果和蔬菜。这些食品既可以改善孕后发生的胃肠道不适症状，又可以增进食欲和增加多种营养素，可谓一举多得。

准妈妈要适量吃豆类食品

豆类食品是健脑食品，准妈妈适量吃豆制品，将对胎儿智力发育有益。

大豆中含有相当多的氨基酸和钙，正好可以弥补米、面中营养的不足。谷氨酸、天冬氨酸、赖氨酸、精氨酸在大豆中的含量分别是米中的6、6、12、10倍，而这些营养物质都是脑部所需的重要营养物质，由此可见，大豆是很好的健脑食品。

大豆中蛋白质含量占40%，不仅含量高，而且是适合人体智力活动需要的植物蛋白。因此，从蛋白质角度看，大豆也是高级健脑品。

大豆脂肪含量也很高，约占20%。在这些脂肪中，亚油酸、亚麻酸等多不饱和脂肪酸又占80%以上，这也说明大豆是高级健脑食品。

与黄豆相比，黑豆的健脑作用比黄豆更明显。毛豆是灌浆后尚未成熟的大豆，含有较多的维生素C，煮熟后食用，是健脑的好食品。

豆制品中，首先值得提倡的是发酵大豆，也叫豆豉，含有丰富的维生素B_2，其含量比一般大豆高约1倍。维生素B_2在谷氨酸代谢中起着非常重要的作用，而谷氨酸是脑部的重要营养物质，多吃可提高人的记忆力。

豆腐也是豆制品的一种，其蛋白质含量占35.3%，脂肪含量占19%。因此，豆腐是非常好的健脑食品。其他如油炸豆腐、冻豆腐、豆腐干、豆腐片（丝）、卤豆腐干等都是健脑食品，可搭配食用。

豆浆和豆乳中亚油酸、亚麻酸等多不饱和脂肪酸含量都相当多，可谓是比牛奶更好的健脑食品。准妈妈应经常喝豆浆，或与牛奶交替食用。

准妈妈不宜吃桂圆

桂圆能养血安神，生津液，润五脏，是一味良好的食疗佳品。但是，由于桂圆味甘温，因此内有痰火者及患有热病者不宜食用，尤其是准妈妈，更不宜进食。

妇女怀孕后，阴血偏虚，阴虚则滋生内热，因此准妈妈往往会出现大便干燥、小便短赤、口干、肝经郁热等症状，这时再食用性热的桂圆，非但不能产生补益的作用，反而会增加内热，容易发生动血动胎、漏红腹痛、腹胀等先兆流产症状，严重者可导致流产。

在民间，有的准妈妈在分娩时服用桂圆汤（以桂圆为主，加入红枣、红糖、生姜，用水煎煮而成），这主要是针对体质虚弱的准妈妈而言。因为分娩时要消耗较大的体力，体虚的准妈妈在临盆时往往容易出现手足软弱无力、头晕、出虚汗等症状，喝一碗热气腾腾、香甜可口的桂圆汤，对增加体力、帮助分娩都有一定好处，但体质好的准妈妈在分娩时则无须喝桂圆汤。

准妈妈不宜吃山楂

山楂开胃消食，酸甜可口，很多人都爱吃，尤其是妇女，怀孕后常有恶心、呕吐、食欲不振等早孕反应，更愿意吃些山楂或山楂制品，调调口味，增强食欲。山楂虽然可以开胃，但对准妈妈不利。

研究表明，山楂对准妈妈子宫有兴奋作用，可促进子宫收缩，倘若准妈妈大量食用山楂或山楂制品，就有可能刺激子宫收缩，从而导致流产。尤其是以往有过自然流产史或怀孕后有先兆流产症状的准妈妈，更应忌食山楂食品。

准妈妈不宜吃热性香料

香料属于调味品，人们在日常生活中经常食用。八角、茴香、小茴香、花椒、胡椒、桂皮、五香粉、辣椒粉等都属于热性香料，准妈妈经常食用这些热性香料，就会对健康不利。

妇女在怀孕期间，体温相应升高，肠道也较干燥，而香料性大热，具有刺激性，很容易消耗肠道水分，使胃肠腺体分泌减少，造成肠道干燥、便秘或粪石梗阻。肠道发生秘结后，准妈妈必然用力屏气解便，这样就会引起腹压增大，压迫子宫内的胎儿，易造成胎动不安、羊水早破、自然流产、早产等不良后果。

孕2月养胎与护胎

"二月之时，儿精成于胞里，当慎护之，勿惊动也。"意思是说，妊娠两个月时，胎儿的精气在母体的子宫内生成，必须谨慎护理，不要随便惊动他。

两个月的胚胎不仅形态上已产生了巨变，而且还能感受到外界刺激。准妈妈切不可因为怀孕不久，胎儿尚未成形而掉以轻心。此时正是胚胎发育最关键的时期，胚胎对致畸因素特别敏感，因此绝不可滥用某些化学药品，或接触对胎儿有不良影响的有害物质。准妈妈要在思想感情上确立母子同安的观念，精心保护胎儿。

什么是早孕反应

妇女在怀孕早期，会出现食欲不振、厌食、轻度恶心、呕吐、头晕、倦怠，甚至低热等早孕反应，这是准妈妈特有的正常生理反应。早孕反应一般在妊娠第6周出现，以后逐渐明显，在第9～11周最重，一般在停经12周前自行缓解、消失。大多数准妈妈能够耐受，对生活和工作影响不大，无需特殊治疗。

早孕反应中有一种情况是妊娠剧吐，起初为一般的早孕反应，但逐日加重，表现为反复呕吐，除早上起床后恶心及呕吐外，甚至闻到做饭的味道、看到某种食物就呕吐，吃什么，吐什么，呕吐物中出现胆汁或咖啡渣样物。由于严重呕吐和长期饥饿缺水，机体便消耗自身脂肪，使其中间代谢产物——酮体在体内聚集，引起脱水和电解质紊乱，形成酸中毒和尿中酮体阳性。准妈妈皮肤发干、变皱，眼窝凹陷，身体消瘦，严重影响身体健康，甚至威胁准妈妈生命。

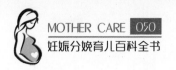
对抗早孕反应小策略

早孕反应一般不会太重，准妈妈可想些办法使反应减轻，下面几点可供参考：

● 了解相关的医学知识。明白孕育生命是一项自然过程，是苦乐相伴的，增加自身对早孕反应的耐受力。

● 身心放松。早孕反应是生理反应，多数准妈妈在一两个月后就会好转，因此要以积极的心态度过这一阶段。

● 选择喜欢的食物。能吃什么，就吃什么；能吃多少，就吃多少。这个时期胎儿还很小，不需要多少营养，平常饮食已经足够了。

● 积极转换情绪。生命的孕育是一件很自然的事情，要正确认识怀孕中出现的不适，学会调整自己的情绪。闲暇时做自己喜欢做的事情，邀朋友小聚、散步、聊天都可以。整日情绪低落是不可取的，不利于胎儿的发育。

● 得到家人的体贴。早孕期间，准妈妈身体和心理都有很大变化，早孕反应和情绪的不稳定会影响到准妈妈的正常生活，这就需要家人的帮助和理解。家人应了解什么是早孕反应，积极分担家务，使其轻松度过妊娠反应期。

● 正确认识妊娠剧吐。一般的早孕反应是不会对准妈妈和胎儿有影响的，但妊娠剧吐则不然。如果呕吐较严重，不能进食，就要及时就医。当尿液检查酮体为阳性时，则应住院治疗，通过静脉输液补充营养，纠正酸碱失衡和水电解质紊乱。

新婚初孕要注意预防流产

经验告诉人们，新婚怀孕的女性如不注意保健，极易造成自然流产，如果发生3次以上自然流产，就有可能患上习惯性流产。

新婚夫妇性生活频繁，初孕后易发生先兆流产。新婚夫妇性欲强烈，性交次数相应较多，准妈妈子宫经常强烈收缩，就容易导致流产。特别是新婚女性，性兴奋较为强烈，体内雌激素分泌增多，孕激素分泌相应减少，也可诱发先兆流产。

准妈妈要警惕阴道流血

精子和卵子结合成受精卵，分裂发育成胚泡，于受精后第5～6天埋入子宫内膜。在黄体酮的作用下，卵巢卵细胞的发育受到抑制，排卵受到抑制，子宫内膜发育成蜕膜，月经周期停止。因此，怀孕后不应有阴道流血，一旦出现阴道流血，应立即进行检查。

孕期阴道流血的主要原因有先兆流产、宫颈糜烂、宫外孕或葡萄胎等，故应引起足够的重视。

宫颈糜烂引起的出血和先兆流产的出血在出血量、时间、颜色上很难鉴别，所以要到医院检查。

宫颈癌也可能引起孕期阴道流血，但发生率很低，可通过孕早期宫颈涂片早期发现宫颈癌和癌前病变。过度的性生活，吃巧克力过多，吃辣椒、桂圆等热性、刺激性食物都会加重出血症状。

准妈妈感冒怎么办

如果准妈妈感冒了，但不发热，或发热时体温不超过38℃，可增加饮水，补充维生素C，充分休息，感冒症状就可得到缓解。如果准妈妈有咳嗽等症状，可在医生指导下用一些不会对胎儿产生影响的药。

如果准妈妈体温达到39℃以上，且持续3天以上，可分以下两种情况来处理。

1 第一种情况

如果准妈妈感冒的时间是处在排卵以后两周内，用药就可能对胎儿没有影响。

2 第二种情况

如果感冒的准妈妈处在排卵以后2周以上，这一时期，胎儿的中枢神经已开始发育，准妈妈如果高热39℃持续3天以上，就可能会对胎儿造成影响。如果出现以上情况，就需要与医生、家人共同商讨是否继续本次妊娠。

如果准妈妈在怀孕3～8周之后患上感冒，并伴有高热，就对胎儿的影响较大。病毒可透过胎盘屏障进入胎儿体内，有可能造成胎儿先天性心脏病、兔唇、脑积水、无脑和小头畸形等。感冒造成的高热和代谢紊乱产生的毒素会刺激子宫收缩，造成流产，新生儿的死亡率也会因此增高。

感冒的准妈妈应在医生指导下选用安全有效的抗感冒药物进行治疗，自己千万不可随意服药，以免对母体和胎儿造成不良影响。一般可选用以下较为安全的药物：

1 轻度感冒

可选用板蓝根冲剂等纯中成药，并且多喝开水，同时要注意休息，补充维生素C，感冒很快就会痊愈。

2 重度感冒

伴有高热、剧咳：可选用柴胡注射液退热和纯中药止咳糖浆止咳。同时，也可采用湿毛巾冷敷，或用30%左右的酒精（或将白酒对水冲淡一倍）擦浴，起到物理降温的作用。

3 抗生素

可选用青霉素类药物，不可应用喹诺酮（如氟哌酸等）和氨基苷类（如链霉素、庆大霉素等）药物。

准妈妈要预防感冒，少到公共场所，加强营养，保证睡眠，少与感冒患者接触，以减少感染的机会。

孕早期胎教内容

没有健康的母亲，就不会有健康的胎儿。为了促进胎儿生理上和心理上的健康成长，确保孕妇健康顺利地度过孕期而采取的精神、饮食、环境、劳逸等各方面的保健措施，均属于胎教内容，称为广义胎教。一般来说，怀孕第1～3个月内的胎教内容主要属于广义胎教，目的是为了避免胎儿受到任何生物、地理及化学因素的侵害。

千万别小看孕8周之前的胚胎，他在孕3～4周时就开始形成神经管了，准妈妈的各种情绪都可以通过内分泌的改变影响胎儿的发育。孕早期胚胎的出现，让准妈妈兴奋不已，但愉悦很快被早孕反应代替了。接下来，亲人们的倍加呵护既给准妈妈带来了温暖，也带来了怕出问题的心理压力。

孕早期胎教中精神保健的内容还包括积极调整准妈妈的情绪，这个调整可以分为环境调整和心理调整。

1 环境调整

环境调整应以准爸爸为主，准爸爸应比以往更加细致周到地照顾准妈妈的生活起居。当准妈妈孕吐严重时，准爸爸要多做几样饭菜，一定会有一样适合准妈妈的胃口。

在工作之余，准爸爸可以买些鲜花和装饰品，把家里布置得浪漫温馨、清爽宜人，让准妈妈有个好心情。

2 心理调整

准妈妈要努力克服早孕反应。避免接触那些容易产生恶心的气味，纵然发生剧吐，也不要拒绝进食，而是要从各种食品中找出能够吃得下去的东西。

心理作用是不容忽视的，准妈妈越烦躁，孕吐就越强烈。当你备受腹中小生命的"折磨"时，你要想到，这正是他生命力的爆发，他正一天一天长大着、变化着！

胎儿大脑发达所需的条件

胎儿大脑发达必须具备三个生理条件：

● 脑细胞数目要多。

● 脑细胞体积要大。

● 脑细胞间相互连通要多。

根据人类大脑发育的特点，其脑细胞分裂活跃进程分为三个阶段：妊娠早期、妊娠中晚期的衔接时期及出生后的3个月内。

胎儿大脑发达所需的营养条件：

● 人的大脑主要由脂类、蛋白类、糖类、B族维生素、维生素C、维生素E和钙这七种营养成分构成。

● 脂类：脂类是组成胎儿大脑非常重要的成分。胎脑的发育需要60%的脂质。脂质包括脂肪酸和类脂质，而类脂质主要由卵磷脂组成。充足的卵磷脂是宝宝大脑发育的关键。

● 蛋白质：胎脑的发育需要35%的蛋白质，它能维持和发展大脑功能，增强大脑的分析理解能力及思维能力。

● 糖：糖是大脑唯一可以利用的能源。

● 维生素及矿物质能增强脑细胞的功能。

怀孕3个月

小宝宝的发育状况

至孕3月底时，胚胎可正式称为胎儿了，胎儿的身长7.5～9厘米，体重约为20克。

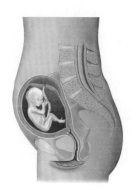

胎儿尾巴完全消失。眼、鼻、口、耳等器官形状清晰可辨，手、足、指头也一目了然，几乎与常人完全一样。

内脏更加发达，肾脏、外阴部已经长成，开始形成尿道及进行排泄作用，而胎儿周围会充满羊水。

准妈妈身体的变化

这个月仍会有孕吐现象，还会出现以下症状：

1 尿频与便意

此时子宫如拳头般大小，会压迫膀胱，当尿液积累到某一程度时，便有尿意，须勤跑洗手间，造成尿频。同样的情形也发生在肠道，肠道一被刺激，就有便意。孕3月以后，子宫上升到腹腔内，对膀胱、大肠的压迫逐渐消失，尿频及便意也将消失。

2 下腹痛

准妈妈两侧腹痛有可能由于涨大的子宫牵拉两侧固定子宫位置的圆韧带所致。腹痛通常发作于某些姿势后，如突然站立、弯腰、咳嗽及打喷嚏等。

3 头痛

由于激素的作用，准妈妈脑部血流易发生改变，因此会引起头痛。鼻窦炎、视力不良、感冒、睡眠不足等，也可能引起头痛。

4 白带增加

由于体内激素的作用，准妈妈阴道内酸碱度发生改变，血管扩张会造成局部温热，因此容易发生真菌感染。白带增加、局部瘙痒、烧灼感、尿频是真菌感染最常见的症状。一般可利用阴道栓剂及药膏进行治疗。

准妈妈注意事项

和怀孕两个月一样，此时也容易流产，在生活细节上尤其要留意小心。平常如有做运动的习惯，仍可保持，但必须选择轻松且不费力的运动，如舒展筋骨的柔软体操或散步等，避免剧烈运动。也不宜搬运重物和长途旅行，至于家务事，可请先生分担，不要勉强，上下楼梯要平稳，尤其应注意腹部不要受到压迫。

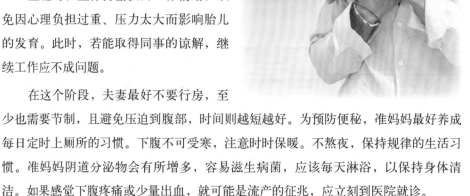

上班时，应保持愉快的工作情绪，以免因心理负担过重、压力太大而影响胎儿的发育。此时，若能取得同事的谅解，继续工作应不成问题。

在这个阶段，夫妻最好不要行房，至少也需要节制，且避免压迫到腹部，时间则越短越好。为预防便秘，准妈妈最好养成每日定时上厕所的习惯。下腹不可受寒，注意时时保暖。不熬夜，保持规律的生活习惯。准妈妈阴道分泌物会有所增多，容易滋生病菌，应该每天淋浴，以保持身体清洁。如果感觉下腹疼痛或少量出血，就可能是流产的征兆，应立刻到医院就诊。

准妈妈孕3月指南

至少应在本月前接受初次产前检查，建立准妈妈保健卡，以后按医生要求做定期检查。孕3月仍是容易流产的时期。这时，你要注意以下事情：

● 千万不要提重物，不要长时间站立或蹲下，并且避免从事可能会使身体受到震动和冲击的工作。

● 保证充足的睡眠，可以在中午安排一个短暂的午睡。

● 空腹容易加重妊娠反应，上班时带些小食品，在不影响工作的情况下，随时吃一点。

● 多和同事聊聊天，取得理解和帮助，工作上千万不要勉强。

● 如果你小便次数增加，不要不好意思，孕期随时排净小便很重要。

● 若出现少量出血或下腹疼痛，则应马上躺下休息，及时联系医生。

准妈妈着装要宽松

现在有些青年妇女喜欢穿紧身的衣服，以显示体形美，甚至在怀孕以后，还不愿穿对身体有利的宽大舒适的衣服。其实这是不对的。

妇女怀孕以后，由于胎儿在母体内不断发育成长，会使得母体逐渐变得腹圆腰粗，行动不便。同时为了适应哺乳的需要，准妈妈乳房也逐渐丰满。此外，准妈妈本身和胎儿所需氧气增多，呼吸通气量也会增加，胸部起伏量增大，准妈妈的胸围也会增大。如果再穿原来的衣服，特别是紧身的衣服，就会影响呼吸和血液循环，甚至会引起下肢静脉曲张和限制胎儿的活动。

一般来说，准妈妈夏季容易出汗，宜穿肥大不贴身的衣服，如穿不束腰的连衣裙，或胸部有褶和下摆宽大的短衣服，裤子的腰部要肥大，也可穿背带裤。冬天要穿厚实、保暖、宽松的衣服，如羽绒服或棉织的衣服，既防寒又轻便。现在市场上有很多准妈妈服出售，怀孕的妇女可购买适合自己的准妈妈服。

准妈妈不宜穿化纤类内衣

日常生活中，有些人穿上化纤内衣后，在身体直接与内衣接触的地方，如胸部、腋窝、后背、臀部、会阴等处，皮肤会出现散在的小颗粒状丘疹，周围还有大小不等的片状红斑，并伴有瘙痒和不适的感觉。为控制瘙痒和防止抓破感染，医生常吩咐患者服一些镇静药物和脱敏、消炎药。但是准妈妈如果服用这些药物，就会影响胎儿的发育，甚至会造成胎儿畸形。因此，准妈妈不宜穿化纤类内衣，最好穿密度较高的棉质内衣。

准妈妈不宜穿高跟鞋

穿高跟鞋不但能增加身高，弥补个子矮的缺点，而且还可以使人挺胸收腹，显得精神。因此，女性大多喜欢穿高跟鞋。

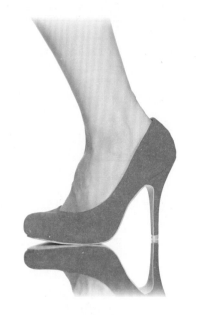

妇女怀孕后，腹部一天一天隆起，体重增加，身体的重心前移，站立或行走时腰背部肌肉和双脚的负担加重，如果再穿高跟鞋，就会使身体站立不稳，容易摔倒。另外，因准妈妈的下肢静脉回流常常受到一定影响，站立过久或行走较远时，双脚常有不同程度的水肿，此时穿高跟鞋不利于下肢血液循环。因此，准妈妈不宜再穿高跟鞋，最好穿软底布鞋或旅游鞋。

警惕化妆品中的有害成分

口红

口红是由各种油脂、蜡质、颜料和香料等组成的。其中油脂通常采用羊毛脂。羊毛脂既能吸附空气中各种对人体有害的重金属元素，又能吸附能进入胎儿体内的大肠杆菌等微生物，同时还有一定的渗透作用。因此，准妈妈涂抹口红以后，空气中一些有害物质就容易吸附在嘴唇上，并在说话和吃东西时随着唾液侵入机体内，从而使体内的胎儿受害。所以，为了下一代的健康，准妈妈不要涂口红。

冷烫精和染发剂

怀孕后女和分娩后半年以内的妇女头发不但非常脆弱，而且极易脱落。如果再用化学冷烫精烫发，就会加剧头发脱落。另外，用化学冷烫精冷烫头发还会影响胎儿的正常生长和发育。

染发剂不仅有可能导致皮肤癌，而且可能引起乳腺癌和胎儿畸形。因此，准妈妈应禁止使用染发剂。

准妈妈营养补充小窍门

女性怀孕后，为了胎儿的健康成长，特别注重营养的补充。但是，补充营养不可盲目进食，要注意以下几个方面：

1 不要过多地增加主食，而应增加副食品的种类和数量，尤其要注意摄入足够的蛋白质类营养物质。

2 饮食要多样化，避免挑食、偏食，做到营养均衡全面。

3 饮食要做到因人而异，根据准妈妈的具体情况，并注意因地、因时、因条件地安排膳食，使饮食尽可能地符合不同准妈妈的条件，避免盲从。常吃精米、精面的准妈妈应多补充B族维生素，而常吃杂粮和粗粮者则不必多做补充。夏季可多吃新鲜蔬菜，秋季可多吃新鲜水果。身材高大、劳动量和活动量大的准妈妈应多补充一些营养物质。不喜欢吃肉、蛋、乳制品的准妈妈易缺乏优质蛋白质，可适当多吃豆类和豆制品，也可补充优质蛋白质。

准妈妈不宜喝长时间煮的骨头汤

不少准妈妈爱喝骨头汤，而且认为熬汤的时间越长越好，不但味道更好，对滋补身体也更为有效。其实这是错误的看法。

动物骨骼中所含的钙质是不易分解的，不论经过多高的温度，都无法将骨骼内的钙质溶化，反而会破坏骨头中的蛋白质。因此，熬骨头汤的时间过长，不但没有益处，反而有害。肉类脂肪含量高，而骨头上总会带点肉，因此熬的时间长了，熬出的汤中脂肪含量也会很高。

温馨提示

熬骨头汤的正确方法是用压力锅熬至骨头酥软即可。这样熬的时间不太长，汤中的维生素等营养成分损失不大，骨髓中所含的钙、磷等矿物质也可以被人体吸收。

准妈妈不宜食用过敏性食物

准妈妈食用过敏性食物不仅会导致流产或胎儿畸形，还可导致婴儿患病。属于过敏体质的准妈妈可能对某些食物过敏，这些过敏食物经消化吸收后，可从胎盘进入胎儿血液循环中，妨碍胎儿的生长发育，或直接损害某些器官，如肺、支气管等，从而导致胎儿畸形或患病。

可从下面五个方面进行预防过敏：

● 如果以往吃某些食物发生过过敏现象，在怀孕期间就应禁止食用这类食物。

● 不要吃过去从未吃过的食物或霉变食物。

● 在食用某些食物后，如曾出现过全身发痒、出荨麻疹、心慌、气喘、腹痛、腹泻等现象，应注意不要再食用这些食物。

● 不吃易过敏的食物，如虾、蟹、贝壳类食物及辛辣刺激性食物。

● 少吃异性蛋白类食物，如动物肝、肾、蛋类、奶类、鱼类等。

孕3月产前检查项目

准妈妈在孕3月产前检查的项目包括TORCH筛查、宝宝胎心率测量、监听胎心音等。

温馨提示

健康小百科
TO指弓形虫（Toxoplasma）。
R指风疹病毒（Rubella virus）。
C指巨细胞病毒（Cytomegalo virus）
H指单纯疱疹病毒（Herpes virus）。

1 TORCH筛查

一般在准备怀孕之前进行TORCH病原体抗体检测，排除孕前感染。此外，还应在怀孕11~12周内进行TORCH筛查，排除孕早期TORCH感染。

TORCH是由多个引起胎儿感染、畸形和功能异常的病毒的英文单词字头组成的。

2 测测宝宝胎心率

用多普勒胎心仪可在孕11~12周时从腹部听到胎心音，用听诊器可在孕18周听到胎心音。听胎心音时，将听筒置于腹壁，可听到胎儿心脏跳动声像手表嘀嗒声。正常的胎心率快且有力，每分钟120~160次。孕中期胎心率可达每分钟160次以上。准爸爸可将耳朵贴在准妈妈腹壁

上数胎心。孕24周后胎位正常时，可在脐下正中部或脐部左右两旁听胎心音。

3 听听宝宝心跳

听胎心音是产前检查不可缺少的项目，通过这项检查，可判断胎儿的生长和健康状况，当胎心率突然变快或转慢，出现不规律的情况时，就应引起重视。

做X光检查会不会伤害宝宝

X线属于一种电磁波，因其波长短、能量高，若不在严格控制下使用，将会对人体产生损伤，其损伤程度与放射设备、放射时间、放射剂量、射线与人体的作用方式、外界环境、个体差异等因素有关。

正常人在一次放射检查中，安全的照射量最高为2.58×10^{-2}库仑／千克。一般来讲，胸部透视在一星期以内总的累计时间（放射时间）不宜超过12分钟，胃肠检查不宜超过10分钟，这样对人体才是安全的。虽然X线摄片的照射剂量较大，但偶尔拍一次片或X线透视一次（放射治疗除外）对身体健康并无大碍。

但育龄期妇女，特别是准妈妈，其卵子、胚胎或胎儿对放射线高度敏感，即使是明显低于正常人可以耐受的放射剂量，也会造成母体和胎儿的损害。所以，准妈妈应该避免进行放射检查。

> **温馨提示**
>
> 若确实需要进行放射检查，则应严格控制放射次数，并严格控制检查范围（病变部位），身体的其余部分，尤其是胚胎或胎儿等敏感部位，均应用铅橡皮遮盖。

做B超检查会不会伤害宝宝

高强度的超声波通过高温及对组织的腔化作用，可能会对组织产生损伤，但事实上，医学上使用的B超是低强度的，低于94毫瓦／厘米^3，对胎儿是没有危险的，直至目前，尚没有B超检查引起胎儿畸形的报道。目前，多数专家认为B超是安全的，但也有少数专家指出，B超是一种高强度脉冲

超声波，有很强的穿透力，对处于敏感期的胚胎和胎儿也会产生一定的不良反应。所以孕早期尽量不做或少做B超为好。

准妈妈第一次B超检查时间最好安排在孕12～14周，第二次在孕20～24周，最后一次在孕37～40周。

准妈妈不宜做CT检查

准妈妈怀孕头3个月内接触放射线，可能引起胎儿脑积水、小头畸形或造血系统缺陷、颅骨缺损等严重恶果。

CT是利用电子计算机技术和横断层投照方式，将X线穿透人体每个轴层的组织，它具有很高的密度分辨力，要比普通X线强100倍。因此，做一次CT检查受到的X线照射量比X光检查大得多，对人体的危害也大得多。准妈妈做CT检查会产生严重的不良后果，如果不是病情需要，准妈妈最好不要做CT检查。

温馨提示

如果必须做CT检查，应在准妈妈腹部放置防X射线的装置，以避免和减少胎儿畸形的发生。

准妈妈尿频怎么办

孕3月，子宫如拳头般大小，会压迫膀胱，当尿液积累到某一程度时，便有尿意，须勤跑洗手间，造成尿频。孕3月以后，子宫上升到腹腔内，对膀胱的压迫感逐渐消失，尿频便会消失，但到了孕晚期，又会出现尿频。

准妈妈尿频的对策

准妈妈应讲究个人卫生，勤洗澡，勤换内衣，适当饮水，勤解小便，预防尿路感染。同时控制饮食结构，避免酸性物质摄入过量，加剧酸性体质。保持饮食的酸碱平衡可预防尿频。饮食方面要多吃富含植物有机活性碱的食品，少吃肉类，多吃蔬菜。

准妈妈腰痛怎么办

准妈妈腰痛的原因

准妈妈腰痛是妊娠期骨关节病的一种表现，主要表现为腰部和骶部疼痛，并可放射到臀部、大腿以及大腿以下部位，严重时会使准妈妈夜间痛醒。妊娠期腰痛的发生率可达49%～58%，也就是说，有一半的准妈妈怀孕时会感到腰痛。怀孕后腰痛与下列因素有关：

● 受怀孕后激素的影响，导致韧带松弛。

● 怀孕后腹部增大，导致脊柱向前突增加。

● 增大的子宫对腰部神经直接压迫。

● 神经组织的局部缺血也会导致腰痛，胎儿较大、准妈妈年龄较大以及怀孕前就有腰痛的毛病等都会使腰痛加重。

准妈妈腰痛的对策

1 出现腰痛的准妈妈应保证充足休息，穿低跟鞋。

2 躺下时可在膝盖下面垫个垫子，或用骶髂紧身衣、骶骨带等，都可以减轻疼痛。

3 孕期应注意锻炼身体，多参加家务劳动，使腰背肌肉得到锻炼，少穿高跟鞋，有助于预防孕期腰痛。

妊娠剧吐

什么是妊娠剧吐

少数准妈妈的早孕反应比较严重。呕吐频繁，几乎什么东西都吃不进去，连喝口水都要吐出来，这就是妊娠剧吐。妊娠剧吐会使准妈妈严重脱水、电解质紊乱、酸中毒、严重的营养不良，甚至高热昏迷，还会产生致命的后果，应及时到医院就诊治疗。

妊娠剧吐的调理

准妈妈应保持身心平衡，注意饮食。吃些清淡和有助于缓解呕吐的食物，必要时可接受医师的指导。倘若一日孕吐数次，身体显得相当虚弱，就应住院进行治疗，每天可接受多量的葡萄糖、盐水、氨基酸等点滴注射，以迅速减轻症状，保持良好宁静的心态，一般1～2周即可出院。

先兆流产

什么是先兆流产

先兆流产是指出现流产的先兆，但尚未发生流产。具体表现为已经确诊宫内怀孕，胚胎依然存活，阴道出现少量出血，并伴有腹部隐痛。通常先兆流产时阴道出血量并不很多，不会超过月经量。先兆流产是一种过渡状态，如果经过保胎治疗后出血停止，症状消失，就可继续妊娠；如果保胎治疗无效，流血增多，就会发展为流产。

先兆流产的原因

先兆流产的原因比较多，例如孕卵异常、内分泌失调、胎盘功能失常、血型不合、母体全身性疾病、过度精神刺激、生殖器官畸形及炎症、外伤等，均可导致先兆流产。孕早期胎盘附着尚不牢靠，也容易导致流产。

🌀 预防先兆流产的对策

为了避免先兆流产，准妈妈应注意以下事项：

● 孕早期要保证充足的休息，不要从事过重的体力劳动，避免负重导致腹压增加。

● 准妈妈平时要穿平底鞋，防止外伤。

● 准妈妈应戒酒戒烟，宜食清淡、易消化、富有营养的食物，保持大便通畅，避免肠胃不适。

● 孕早期不要进行性生活，以免腹部受到挤压和宫颈受到刺激，引起宫缩，诱发流产。

● 保持会阴清洁，避免生殖道炎症。准妈妈每晚应清洗外阴，必要时一天清洗两次。

准妈妈不宜盲目大量补充维生素

有些准妈妈唯恐胎儿缺乏维生素，每天服用许多维生素类药物。当然，在胎儿的发育过程中，维生素是不可缺少的，但盲目大量补充维生素只会对胎儿造成损害。

医学专家对准妈妈提出忠告，过量服用维生素A、鱼肝油等会影响胎儿大脑和心脏的发育，诱发先天性心脏病和脑积水，脑积水过多又易导致精神反应迟钝，准妈妈每日维生素A供给量为990微克视黄醇当量，即3300国际单位。

准妈妈如果维生素D摄入过多，就容易导致特发性婴儿高钙血症，表现为囟门过早关闭、腭骨变宽而突出、鼻梁前倾、主动脉窄缩等畸形，严重的还伴有智商减退。平时经常晒太阳的准妈妈可不必补充维生素D和鱼肝油。

准妈妈为减轻妊娠反应可适量服用维生素B_6，但也不宜服用过多。准妈妈如果服用维生素B$_6$过多，其不良影响主要表现在胎儿身上，会使胎儿产生依赖性，医学上称为"维生素B$_6$依赖性"。当小儿出生以后，维生素B$_6$来源不像母体内那样充分，结果出现一系列异常表现，如容易兴奋、哭闹不安、容易受惊、眼球震颤、反复惊厥等，还会出现1~6个月体重不增，如诊治不及时，将会留下智力低下的后遗症。

孕3月胎教方案

孕3月是胎儿大脑细胞增多的关键时期，母亲营养合理与否与孩子出生后的智力水平密切相关，准妈妈要多摄入优质蛋白质、糖类、必需脂肪酸、钙、磷等营养素。另外，怀孕期间，准妈妈体内的孕激素使皮肤色素沉着增加，脸上容易出现褐色蝴蝶斑，再加上腹部日渐隆出，体形逐渐肥大，有损往日美貌，所以准妈妈一定要注意仪容美观，用心扮靓自己，争取做一个漂亮整洁的准妈妈。别忘了，准妈妈仔细打扮也是环境胎教的重要内容呢！

对宝宝进行游戏训练

通过胎儿超声波的屏幕观察胎儿在子宫内的活动，同时分析胎儿活动和大脑发育情况，研究人员认为胎儿完全有能力在父母的训练下进行游戏活动。

专家建议，从怀孕第三个月开始，可以对腹中的宝宝进行游戏训练，通过碰触准妈妈的腹壁，来观察胎儿的反应。经过一段时间的训练，胎儿就能调皮地与人玩游戏了。

孕中期

怀孕4个月

小宝宝的发育状况

在妊娠15周后期，胎儿的身长约为16厘米，体重约120克。

此时已完全具备人的外形，由阴部的差异可辨认男女，皮肤开始长出胎毛，骨骼和肌肉日渐发达，手、足能做些微小活动，内脏发育大致已经完成，心脏跳动活泼，可用多普勒听诊器测出心音。

准妈妈身体的变化

孕吐已经结束，准妈妈的心情会比较舒畅。食欲开始增加。尿频与便秘渐渐消失。这个阶段结束时，胎盘已经形成，流产的可能性减少许多，可算进入安定期了。子宫如小孩头部一般大小，已能从外表略微看出"大肚子"的情形。基础体温下降，一直到生产时都保持低温状态。

准爸爸的任务

孕4月，准妈妈的早孕不适基本消失，食欲恢复，准爸爸要为准妈妈准备丰富多样的食物，让准妈妈摄取充分的营养。同时多陪准妈妈出去散步，增进夫妻感情和母子健康。

准妈妈注意事项

孕吐及压迫感等不适症状消失，身心安定，但仍需小心。这个时期是胎盘完成

的重要时期，最好保持身心的平静。

为了使胎儿发育良好，应摄取充分的营养，蛋白质、钙、铁、维生素等营养素要均衡摄取，不可偏食。

此时有可能出现妊娠贫血症，因此对铁质的补充尤其重要。身体容易出汗，分泌物增多，容易受病菌感染，应该勤淋浴，并且勤换内裤。

准妈妈孕4月指南

怀孕4个月时，胎盘已经发育完全，准妈妈流产的可能性减少，你已经基本度过妊娠反应期，现在要注意以下事项：

● 注意增加营养，可以带些营养品在办公室里食用，也可以多吃些水果。

● 如果你开始感到腰痛，就要注意不能长时间保持一种姿势，要采取正确的姿势进行工作。

● 充分了解有关怀孕、生产的各种知识，这样可以消除怀孕期间的不安与恐惧，也有助于顺利生产。准妈妈可就近到妇幼保健所或医院内妇幼保健科索取资料，也可到书店购买有关孕产保健的书籍。

● 为使生产变得轻松，最好从现在开始做一些简单的准妈妈体操，但是要量力而行，千万不要过分勉强。

● 再过一个月，平时的衣服就穿不下了，应趁着身体情况良好时先行准备。加肥、宽松的内衣裤也是必备的怀孕用品。

● 去美容院理发时，可请理发师设计一个易梳理的发型，除让人看起来清爽外，自己心情也会变得愉快。

妻子怀孕后为何爱发脾气

妻子怀孕后爱发脾气的现象很常见。随着怀孕的好消息到来，夫妻俩往往都很激动，并且怀着幸福的憧憬。可好景不长，一向活泼开朗的妻子变得郁郁寡欢，愁眉不展，常常因为生活中的小事大动肝火，脾气暴躁。

孕期焦虑是一种心理变化，即将成为母亲的妻子心情都会比较复杂。准妈妈身心将经历重大变化，会考虑宝宝是否健康，自己是否会变得很胖，如何扮演母亲角色，住房、婆媳关系、经济压力、工作安排等问题经常会困扰着她们。因此丈夫应该体谅妻子，不要和妻子争执，平时要多和妻子沟通交流，许多问题要提出来，达成一致意见，乐观地共同面对。情形严重的，可寻求心理咨询医生和精神科医生的帮助。

有些准妈妈脾气变坏也有疾病的原因。轻微的如妊娠反应，60%～80%的准妈妈会有不同程度的肠胃不适，有的还会持续整个孕程。

准妈妈孕4月饮食指导

孕4月的胎儿正在迅速长大，需要的营养物质更多，准妈妈要摄入更丰富的营养，源源不断地供给新生命。

准妈妈每天蛋白质的摄入量应增加15克，达到75～95克。食谱中应增加鱼、肉、蛋、豆制品等富含优质蛋白质的食物。特别是孕期反应严重，不能正常进食的准妈妈更应多摄入优质蛋白质。

自孕4月开始，准妈妈必须增加摄入能量和各种营养素，以满足胎儿各个系统发育中进行的大量复杂的合成代谢的需要。我国推荐膳食营养素供给量中规定孕中期能量每日增加约840千焦。

为了帮助准妈妈对铁、钙、磷等营养素的吸收，孕4月也要相应增加维生素A、维生素D、维生素E和维生素C的供给。维生素D有促进钙吸收的作用，故每日的维生素D需要量为10毫克。准妈妈应多吃蔬菜和水果，如西红柿、胡萝卜、茄子、白菜、葡萄、橙子等。

西红柿　　胡萝卜　　茄子

白菜　　葡萄　　橙子

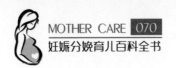
对生成胎儿的血、肉、骨骼起着重要作用的蛋白质、钙、铁等成分，孕4月的需求量比平时大得多。每天对钙的需求增加至1000毫克，铁增加至25～35毫克，其他营养素如碘、锌、镁、铜、硒也要适量摄取。

准妈妈每天饮用6～8杯水，其中果汁的量最好不要超过两杯，因为果汁甜度太高，不利于宝宝骨骼发育。

准妈妈要多摄入蛋白质

蛋白质是构造人的内脏、肌肉以及脑部的基本营养素，与胎儿的发育关系极大，准妈妈万万不可缺乏蛋白质。

如果准妈妈蛋白质摄入不足，会造成胎儿脑细胞分化缓慢，导致脑细胞总数减少，影响智力，还会影响胎儿体格发育，严重时导致不同程度的器官畸形。有的妇女就是因为孕期蛋白质摄入不足，分娩后身体一直虚弱，还引起多种并发症，给身体带来极大的损害，对喂养婴儿也不利。实验结果表明，如果准妈妈孕期缺乏蛋白质，新生儿体重、身长、肝脏和肾脏重量就会降低，有的肾小球发育不良，结缔组织增多，肾功能会受到影响。

❧❧ 温馨提示 ❧❧

富含蛋白质的食物有牛肉、猪肉、鸡肉、鲤鱼、肝类、百叶、蛋、牛奶、乳酪等，豆腐、黄豆粉、炒花生仁、绿豆、赤小豆、紫菜等植物性食物含蛋白质也较丰富。准妈妈将以上的动物、植物食品搭配食用，是极好的蛋白质补充方法。

准妈妈要多摄入"脑黄金"

人的大脑中65%是脂肪类物质，其中多烯脂肪酸DHA是脑脂肪的主要成分。它们对大脑细胞，特别是神经传导系统的生长、发育起着重要作用。因此DHA和脑磷脂、卵磷脂等物质合在一起被称为"脑黄金"。

对于准妈妈来说，"脑黄金"具有双重的重要意义。首先，"脑黄金"能预防早产，增加婴儿出生时的体重。服用"脑黄金"的准妈妈妊娠期较长，比一般新妈妈的早产率下降1%，产期平均推迟12天。婴儿出生体重平均增加100克。其次，"脑黄金"的充分摄入能保证婴儿大脑和视网膜的正常发育。因此，准妈妈应经常摄入足量"脑黄金"。

为补充"脑黄金"，除服用含"脑黄金"的营养品外，还要多吃些富含DHA类的食物，如核桃仁等坚果类食品，摄入后经肝脏处理能合成DHA，此外还应多吃海鱼等。同时，为保证婴儿"脑黄金"的充分摄入，一定要坚持母乳喂养。

温馨提示

据调查，每100毫升母乳中"脑黄金"的含量，美国大约为7毫克，澳大利亚为10毫克，而日本则为22毫克，因此，日本儿童的智商普遍高于欧美儿童。我国新妈妈乳汁中"脑黄金"的含量则远远达不到这一标准，我国婴儿更容易缺乏"脑黄金"。

准妈妈要摄入足够的热能

准妈妈在妊娠期间能量消耗要高于未妊娠时期。因此，准妈妈对热能的需要会随着妊娠的延续而增加。所以，保证孕期热能供应极为重要。如果准妈妈妊娠期热能供应不足，就会动用母体内贮存的糖原和脂肪，人就会消瘦、精神不振、皮肤干燥、骨骼肌退化、脉搏缓慢、体温降低、抵抗力减弱等。

此外，葡萄糖是胎儿代谢所必需也是唯一的能量来源，由于胎儿消耗母体葡萄糖较多，当母体供应不足时，不得不动用脂肪、蛋白质储备，易引起酮血症，继而影响胎儿智力发育，摄入量少可使出生胎儿体重下降。

因此，准妈妈应摄入足够的热能，保持血糖正常水平，避免血糖过低对胎儿体格及智力生长发育产生不利影响。

妇女怀孕后代谢增加，各器官功能增强，为了加速血液循环，心肌收缩力增加，糖类可作为心肌收缩时的应急能源。脑组织和红细胞也要靠糖类分解产生的葡萄糖供应能量。因此，糖类所供能量对维持妊娠期心脏和神经系统的正常功能、增强耐力及节省蛋白质消耗有非常重要的意义。因此，准妈妈必须重视糖类食品的摄入。

综上所述，人体所需要的热能都来自产热营养素，即蛋白质、脂肪和糖类，如各种粮谷食品等。

准妈妈不宜节食

某些年轻的准妈妈怕怀孕发胖，影响自身体形，或怕胎儿太胖，生育困难，常常节制饮食，尽量少吃。这种只想保持自身形体美而不顾母子身体健康的做法是十分有害的。

妇女怀孕后，新陈代谢变得旺盛，与妊娠有关的组织和器官会发生增重变化，子宫要增重1千克，乳房要增重450克，还需贮备脂肪4.5千克，胎儿重3～4千克，胎盘和羊水重900～1800克。总之，妇女在孕期要比孕前增重11千克左右，这需要摄入很多营养物质，所以准妈妈体重增加都是必要的，大可不必担心和控制。不仅准妈妈需要营养，胎儿也需要营养，准妈妈节食有害无益。

孕中期要合理补充矿物质

矿物质是构成人体组织和维持正常生理功能的必需元素，如果准妈妈缺乏矿物质，会导致贫血，会出现小腿抽搐、容易出汗、惊醒等症状，胎儿先天性疾病发病率也会升高。因此，准妈妈应注意合理补充矿物质。

1 增加铁的摄入

食物中的铁分为血红素铁和非血红素铁两种。血红素铁主要存在于动物血液、肌肉、肝脏等组织中。植物性食品中的铁为非血红素铁，主要含在各种粮食、蔬菜、坚果等食物中。

2 增加钙的摄入

准妈妈在妊娠中期应多食富含钙的食品，如虾皮、牛奶、豆制品和绿叶菜、坚果等。注意不能过多服用钙片及维生素D，否则新生儿易患高钙血症，严重者将影响婴儿的智力。

3 增加碘的摄入

准妈妈应多食含碘丰富的食物，如海带、紫菜、海蜇、海虾等，以保证胎儿的正常发育。

> **温馨提示**
>
> 富含铁的动物性食品有猪肾、猪肝、猪血、牛肾、鸡肝、海蜇、虾子等，植物性食品含铁多的有黄豆、油豆腐、银耳、黑木耳、淡菜、海带、芹菜、荠菜等。

4 其他矿物质

随着胎儿发育的加速和母体的变化，其他矿物质的需要量也相应增加。只要合理调配食物，一般不会影响各种矿物质的摄入。

准妈妈要适量补锌

锌是人体必不可少的微量元素。锌是酶的活化剂，参与人体内80多种酶的活动和代谢，它与核酸、蛋白质的合成，与糖类、维生素的代谢，与胰腺、性腺、脑垂体的活动等关系十分密切，发挥着非常多、也非常重要的生理功能。所以，缺锌可不能忽视。

有关专家指出，缺锌是现代人的普遍现象。中国人的膳食结构和饮食习惯使得每天的锌摄入量仅为人体正常需要量的40%~60%，这是远远不够的。

那么对于怀孕的准妈妈来说，缺锌的程度如何？缺锌有哪些不利？又该如何补锌呢？有关营养学专家和妇产科医生对此有一些指导性说法，在这里讲给准妈妈们听听。

首先，怀孕的妇女担负着自身和胎儿两个人的需要，缺锌的情况更普遍一些，应该经常做检查，在医生的指导下适量补锌，这对孕期保健和胎儿正常发育都很有意义。

对正常人而言，一个成人每日摄入16~20毫克的锌，基本上可以维持机体的需要，而准妈妈对锌的需要量则要高出一倍才行，达不到这个量，就属于缺锌了。

准妈妈缺锌对准妈妈自身和胎儿不利，缺锌主要会影响胎儿在宫内的生长，会使胎儿的脑、心脏、胰腺、甲状腺等重要器官发育不良，也导致婴儿出生后上述器官功能不全或者患病。

对准妈妈自身来说，缺锌一方面会降低自身免疫能力，容易生病，从而殃及胎儿；另一方面，缺锌会造成准妈妈味觉、嗅觉异常，食欲减退，消化和吸收功能不良，这样又势必影响胎儿发育。研究证明，有的胎儿中枢神经系统先天性畸形、宫内生长受限，以及婴儿出生后脑功能不全，都与准妈妈缺锌有关。

孕4月进行唐氏综合征筛查

先天愚型又称"唐氏综合征"，俗称痴呆。先天愚型的病因是21号染色体由正常的2条变成3条。

据统计，大于35岁的高龄新妈妈唐氏综合征的发生率较高。人群中每650～750例新生儿中，就有一例这样的孩子。先天愚型是所有染色体畸形中发病率最高的。

唐氏综合征的预防

预防唐氏综合征的措施包括：禁止近亲结婚，对有死胎、死产、畸形儿史的高危新妈妈及35岁以上的高龄准妈妈，在妊娠19～23周时做羊水穿刺抽取羊水化验，做胎儿细胞的核型分析检查，以筛查出先天愚型。

唐氏综合征的检测

医学临床统计显示，唐氏综合征患儿并不仅仅发生在高龄准妈妈中，所以规定对所有准妈妈都要进行先天愚型血清学筛查。

在孕14～17周取母血检测甲胎蛋白（AFP）、非结合型雌三醇和人绒毛膜促性腺激素（HCG），就可以筛查出可疑怀有21-三体胎儿的准妈妈；在妊娠10～14周时用超声测量胎儿颈部的软组织厚度，也可筛查出可疑21-三体的胎儿。

国外很多大型产前诊断中心已将此项检查应用于临床。此项筛查的优点是可以早诊断早终止妊娠，以减少准妈妈和家庭的创伤及社会的负担。

想象可让宝宝更漂亮

有些科学家认为，在母亲怀孕时如果经常想象孩子的形象，在某种程度上会与将要出生的胎儿比较相似。因为母亲与胎儿在心理与生理上是相通的，准妈妈的想象和意念是构成胎教的重要因素。母亲在构想胎儿形象时，会使情绪达到最佳状

温馨提示

在日常生活中，有许多相貌平平的父母却能生出非常漂亮的孩子，这与怀孕时母亲经常强化孩子的形象是有关系的。

态，使体内具有美容作用的激素增多，使胎儿面部器官的结构组合及皮肤的发育良好，从而塑造出自己理想中的胎儿。

怀孕5个月

小宝宝的发育状况

孕5月末，胎儿的身长约为25厘米，体重在250~300克。

胎头约为身长的1/3，鼻和口的外形逐渐明显，而且开始生长头发与指甲。全身被胎毛覆盖，皮下脂肪也开始形成，皮肤呈不透明的红色。心脏的跳动也有所增强，力量加大。骨骼、肌肉进一步发育，手足运动更加活泼，母体已开始感觉胎动。

准妈妈身体的变化

此时，母体的子宫如成人头般大小，子宫底的高度位于耻骨上方15~18厘米处。肚子已大得使人一看便知是一个标准的准妈妈了。胸围与臀围变大，皮下脂肪增厚，体重增加。

若前一个月还有轻微的孕吐情形，此时会完全消失，食欲增加，身心处于安定时期。

此时微微可以感觉胎动，但刚开始也许不太明显，肠管会发生蠕动声音，会有肚子不舒服的现象。胎动是了解胎儿发育状况的最佳方法，准妈妈应将初次胎动的日期记下，以供医师参考。

准妈妈注意事项

到了第五个月，应注意腹部的保温，并防止腹部松弛，最好使用束腹带或腹部防护套。

乳房开始胀大，最好选择较大尺码的胸罩，有些人可能会有乳汁排出。

胎儿日渐发育，需要充分的营养，尤其是铁质不足时，易造成母体贫血，严重时，还会影响胎儿的健康。

此时是怀孕期间最安定的时期，若要旅行或搬家，宜趁此时马上进行。但准妈妈仍应避免过度劳累。

准妈妈孕5月指南

婴儿用品及生产时的必需用品，现在应该列出清单并开始准备。牙齿如果需要治疗，必须立刻着手，平时还应多注意口腔卫生。

孕5月，准妈妈的腹部已经显现出来了，整个身心都进入稳定期。工作期间休息时可以做些轻微的运动，如活动脚踝、伸屈四肢等。

准妈妈居室不宜摆放花草

准妈妈和婴儿的卧室里不宜摆放花草。因为有些花草会引起准妈妈和胎儿的不良反应，如万年青、五彩球、洋绣球、仙人掌、报春花等易引起接触性过敏，如果准妈妈和婴儿的皮肤接触它们，或将其汁液弄到皮肤上，就会发生急性皮肤过敏反应，出现疼痒、皮肤黏膜水肿等症状。

还有一些具有浓郁香气的花草，如茉莉花、水仙、木兰、丁香等，会引起准妈妈嗅觉不灵、食欲不振，甚至出现头痛、恶心、呕吐等症状。

准妈妈孕5月饮食指导

孕5月，为适应孕育宝宝的需要，准妈妈体内的基础代谢增加，子宫、乳房、胎盘迅速发育，需要适量的蛋白质和能量。胎儿开始形成骨骼、牙齿、五官和四肢，同时大脑也开始形成和发育。因此，准妈妈对营养素的足量摄取至关重要。

1 蛋白质

准妈妈每天蛋白质摄入量应达到80～90克，以保证子宫、乳房发育，同时维持胎儿大脑的正常发育。鱼肉中含有丰富的蛋白质，还含有两种不饱和脂肪酸，即二十二碳六烯酸（DHA）和二十碳五烯酸（EPA），这两种不饱和

脂肪酸对胎儿大脑发育非常有好处，在鱼油中的含量要高于鱼肉，鱼油又相对集中在鱼头，所以准妈妈可以适量多吃鱼头。

2 热量

孕5月比未怀孕时需增加热量10%～15%，即每天增加838～1256千焦热量。为满足热能需要，应注意调剂主食的品种花样，如大米、高粱米、小米、红薯等。这样不仅能满足准妈妈基础代谢增加所消耗的能量，还能提供胎儿脑细胞形成和活动所需的能源。

3 脂肪

胎儿大脑形成需要足量的脂肪，准妈妈应多吃些富有脂质的食物，如核桃、芝麻、栗子、黄花菜、香菇、紫菜、牡蛎、虾、鸭、鹌鹑等。

4 维生素

维生素A有促进生长的作用，孕5月需要维生素A比平时多20%～60%，每天摄入量为800～1200微克。准妈妈要多摄入维生素A、B族维生素、维生素C、维生素D。

有助于优生的食物

研究表明，我国准妈妈在妊娠时期对矿物质的摄入量普遍不足。因此，准妈妈应选食含矿物质丰富的食品，纠正偏食。

为补充矿物质应选择以下食物：

● 补钙宜多吃花生、菠菜、大豆、鱼、海带、骨头汤、核桃、虾、海藻等。

● 补铜宜多吃糙米、芝麻、柿子、动物肝脏、猪肉、蛤蜊、菠菜、大豆等。

● 补碘宜多吃海带、紫菜、海鱼、海虾等。

● 补磷宜多吃蛋黄、南瓜子、葡萄、谷类、花生、虾、栗子、杏等。

● 补锌宜多吃粗面粉、大豆制品、牛肉、羊肉、鱼肉、花生、芝麻、奶制品、可可等。

● 补锰宜多吃粗面粉、大豆、胡桃、扁豆、腰子、香菜等。

● 补铁宜多吃芝麻、黑木耳、黄花菜、动物肝脏、油菜、蘑菇等。

● 补镁宜多吃香蕉、香菜、小麦、菠萝、花生、杏仁、扁豆、蜂蜜等。

● 补DHA应多吃海鱼、海虾，或直接服用DHA制品。

准妈妈自我监测胎动

1 胎动规律

孕16～20周，大多数准妈妈可感到胎动，夜间尤为明显，孕28～34周为胎动最频繁的时期，接近足月时略微减少。胎动一般每小时3次以上，12小时内胎动为30～40次。

正常情况下，一昼夜胎动强弱及次数有一定的变化。一天之中，早晨的胎动次数较少，下午6点以后增多，晚上8～11点胎动最为活跃。这说明胎儿有自己的睡眠规律，称为胎儿生物钟。胎动的强弱和次数，个体间的差异很大。有的12小时多达100次以上，有的只有30~40次。巨大的声响、强光刺激或触压准妈妈腹壁，均可刺激胎儿活动。

计数胎动的意义：胎动的次数、快慢、强弱等可以提示胎儿的安危。胎动正常表示胎盘功能良好，输送给胎儿的氧气充足，小生命在妈妈的子宫里愉快健康地生长着。如果12小时内胎动少于10次，或1小时内胎动小于3次，往往就表示胎儿缺氧，准妈妈不可掉以轻心，应立即就医。

2 如何计数胎动

从妊娠28周开始至临产，准妈妈每天上午8~9点，下午1~2点，晚上18~19点，各计数胎动1次，每次计数1个小时，3次计数相加乘以4，就是12小时的胎动数。如果每日计数3次有困难，可于每日临睡前1小时计数1次。

将每日的数字记录下来，画成曲线。计数胎动时，准妈妈宜取左侧卧位，环境要安静，思想要集中。

3 测定结果判断

正常胎儿12小时内胎动30次以上，如果12小时内胎动次数少于10次，就表示子宫内缺氧；如果在一段时间内感到胎动超过正常次数，动得特别频繁，也是子宫内缺氧的表现，应立即去医院检查。如果准妈妈自觉胎动显著减少甚至停止，应立即就医，不能等到胎心音消失再去医院。因为胎心音一旦消失，就表示胎儿在宫内已死亡，失去了抢救机会。

进行神经管畸形筛查

神经管缺陷是在胚胎时期由于某种原因使胚胎的神经管不能闭合而发生的胎儿畸形，最常见的神经管缺陷有无脑儿、脊柱裂、脑膨出和脑膜膨出等。

神经管缺陷胎儿由于不能吞咽羊水，同时脑脊膜暴露于羊水中，渗出液增多，准妈妈可出现羊水过多。部分准妈妈在怀孕20~24周突然出现羊水急剧增加，子宫过度膨胀，患者不能平卧，甚至出现呼吸困难等。

神经管畸形的检测：由于脑脊膜暴露于羊水中，胎儿脑脊液中的甲胎蛋白渗入羊水，使准妈妈羊水及血液中甲胎

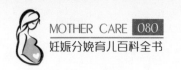
蛋白（AFP）浓度增高。通常在怀孕18～20周根据准妈妈血中甲胎蛋白检测和B超检查筛查神经管缺陷。

神经管畸形的预防：准妈妈在计划怀孕之前和妊娠早期常被建议补充叶酸。研究证明，通过补充叶酸可以将脊柱裂的发生风险降低80%。

神经管畸形的治疗：神经管缺陷多发生在胎儿发育早期，脊柱裂是最常见的一种，会引起胎儿神经损伤和瘫痪。目前此病还无法治愈，但患者可以接受外科手术、药物治疗和物理治疗缓解病情。

进行染色体异常疾病筛查

孕15～20周，准妈妈应进行染色体异常筛查，包括唐氏综合征（21-三体综合征）、18-三体、13-三体等。筛查方法是抽取静脉血2毫升，通过检测准妈妈静脉血，从而避免异常胎儿的出生。这种检测方法安全简便，对准妈妈和胎儿均无损伤，没有任何影响。

经过筛查，有一部分准妈妈会被归入高风险人群，高风险人群并不一定说明胎儿就存在染色体异常，但需进一步诊断。

教你几则胎教法

要想生个聪明健康的宝宝，除了受怀孕年龄、怀孕时期、生活空间、营养条件及心理状况等因素影响外，胎教的作用也很重要。如何才能实施胎教呢？

1 抚摸胎儿

经常把手放在准妈妈腹部壁上轻轻抚摸，并不时等待胎儿活动。当等到胎儿活动时，父母应及时主动迎接并轻轻加大抚摸力度，使胎儿感到有人在同他们"握手"。统计表明，常被抚摸的胎儿生后与父母感情甚深，长大了也比较知书达理。

2 运动胎儿

在仰卧位，准妈妈腹壁最松弛的状态下，双手轻轻捧起胎儿，然后松手，再捧起，再松手，也可捧起胎儿在水平方向来回轻轻推动。这样可使胎儿产生运动感，觉得如同在蹦气垫床、坐飞机及荡秋千一般美妙，胎儿会做出挥拳与蹬足等四肢运动主动迎接父母帮助运动的手。统计表明，常运动的胎儿生后身体素质比较高。

3 轻拍胎儿

也可以偶尔拍打胎儿，强迫胎儿改变一下肢体体位，使胎儿做出比较明显、频繁的顿足等举动。当然，轻拍胎儿不宜过频或过久。一旦胎儿已经"生气"后，还要轻轻抚摸胎儿，把胎儿哄高兴了才行。

统计表明，常接受拍打的胎儿生后比较听话，守纪律，生活自理能力与社会适应能力比较强。与胎儿谈天：不管胎儿何时才能听到，父母都应经常与胎儿说说话。爸爸低沉与浑厚的声音往往给胎儿留下的印象最深。

统计表明，经常听父母说话的胎儿出生后的口语表达、演讲及社交能力都不错。音乐胎教：尽管胎儿听不懂歌曲与音乐，也应常把轻柔优美的歌曲或音乐放给胎儿听。当然，声音不宜太强，距胎儿也不宜过近。

统计表明，如果胎儿期就开始接受教育，出生后的孩子思维反应敏锐，接受能力强，学习成绩优秀。

怀孕6个月

小宝宝的发育状况

妊娠6个月时，胎儿身长约30厘米，体重600～700克。骨骼更结实，头发更长，眉毛和睫毛长出。脸形更加清晰，已完全是人的模样，但仍很瘦，全身都是皱纹。皮脂腺开始分泌，皮肤表面长出白色胎脂。胃肠会吸收羊水，肾脏排泄尿液。此时用听诊器可听出胎儿的心音。

胎儿在6个多月时就有了开闭眼睑的动作，特别是在孕期最后几周，胎儿已能运用自己的感觉器官了。当一束光照在母亲的腹部时，睁开双眼的胎儿会将脸转向亮处，他看见的是一片红红的光晕，就像用手电筒照在手背时从手心所见到的红光一样。从6个月起，胎儿就带着积极的情绪生活，不满意时也会发点小脾气。因此。胎儿并不是传统儿科学描述的那种消极的、无思维的小生命。研究表明，胎儿在子宫里不仅有感觉，而且还能对母亲相当细微的情绪、情感差异做出敏感的反应。

准妈妈身体的变化

子宫变得更大，子宫底高度为18～20厘米。肚子越来越凸出，腹部更沉重，体重日益增加，行动更加吃力。乳房不但外形饱满，而且用力挤压时会有稀薄的淡黄色乳汁（初乳）流出。此时，几乎所有的准妈妈都能清晰地感觉到胎动。

准妈妈注意事项

准妈妈肚子变大凸出后，身体的重心也随之改变，走路较不平稳，并且容易疲倦，尤其弯身向前时或做其他姿势时，就会感觉腰痛。上下楼梯或登高时，应特别注意安全。此时，准妈妈身体已能充分适应怀孕状态，身心畅快。要经常散散步，或做适度的体操，以活动筋骨，并且要保证充分的休息与睡眠。不必刻意避免短程旅行与性生活，只要按正常的生活步调即可。应均衡摄取各种营养，以满足母体与胎儿的需要，尤其是铁、钙、蛋白质的需要量应该增加。但盐分应有所节制。

这段时期准妈妈容易便秘，应该多吃含纤维素的蔬菜、水果，牛奶是一种有利排便的饮料，应多饮用。便秘严重时，最好请教医生如何改善。

准妈妈孕6月指南

为了保证产后顺利授乳，此时应该注意护理乳头。尤其是乳头扁平或凹陷的准妈妈，必须先行矫正。夫妇共同学习有关育婴方面的知识，在心理上准备迎接婴儿的诞生。

孕6月，你的下腹部明显增大，注意不要受到碰撞。如果感到疲劳，就应该在工作间隙及时休息，每天最好午睡。

准妈妈的睡眠

睡眠的时间：保证充足的睡眠对准妈妈极为重要。人的睡眠习惯各不相同，要求睡眠的时间或长或短，短者4～5小时，长者要10小时左右。正常成人每日需要8小时的睡眠，准妈妈的睡眠时间应比孕前长一些，每日最低不能少于8小时。怀孕7～8个月以后，要力求保证午睡，但时间要控制在两小时之内，以免影响夜间睡眠。

睡眠的姿势：准妈妈卧床时必须采取适宜胎儿发育的体位。妊娠早期，可以平卧，膝关节和脚下各垫一个枕头，使全身肌肉得以放松。因为乙状结肠的作用，孕期子宫多为右旋，孕中后期宜采用左侧卧位，以免过大的子宫压迫腹主动脉。睡眠时可用棉被支撑腰部，两腿稍弯曲。下肢水肿或静脉曲张的准妈妈，需将腿部适当垫高。

准妈妈孕6月饮食指导

孕6月，胎儿生长发育明显加快，骨骼开始骨化，脑细胞增加到160亿个左右就不再增加，而大脑的重量继续增加。准妈妈应开始进行蛋白质、脂肪、钙、铁等营养素的储备。

1 蛋白质

世界卫生组织建议，准妈妈在孕中期，每日应增加摄入优质蛋白质9克，相当于牛奶300毫升或两个鸡蛋或50克瘦肉。在准妈妈的膳食安排中，动物性蛋白质应占全部蛋白质的一半，另一半为植物性蛋白质。

2 热量

一般来说，孕6月准妈妈热量的需要量应比孕早期增加838千焦。考虑到多数孕中期女性工作强度有所减轻，家务劳动和其他活动也有所减少，所以热量的增加应因人而异，根据体重的增长情况进行调整。准妈妈体重的增加一般应控制在每周0.3~0.5千克。建议准妈妈用红薯、南瓜、芋头等代替部分米、面，可以在提供能量的同时，供给更多的矿物质和维生素，南瓜还有预防妊娠期糖尿病的作用。

3 植物油

准妈妈孕6月每日食用的植物油以25克左右为宜，总脂肪量为50~60克。

4 维生素

准妈妈孕6月对B族维生素的需要量也有所增加，而且B族维生素无法在体内存储，必须有充足的供给才能满足机体的需要。准妈妈要多吃富含维生素的食品，如瘦肉、肝脏、鱼类、乳类、蛋类及绿叶蔬菜、新鲜水果等。

5 矿物质

此时还应强调钙和铁的摄入量，另外，碘、镁、锌、铜等也是不可缺少的。因此，准妈妈要多吃蔬菜、蛋类、动物肝脏、乳类、豆类、海产品等。

6 水

每天准妈妈至少喝6杯开水。存在水肿现象的准妈妈晚上要少喝水，白天要喝够量。这也是保证排尿畅通、预防尿路感染的有效方法。

准妈妈多吃核桃，宝宝更聪明

中国营养学会推荐，准妈妈膳食中脂肪供能的百分比应为20%～30%，其中饱和脂肪酸供能应该小于10%，单不饱和脂肪酸、多不饱和脂肪酸供能都为10%。多不饱和脂肪酸中亚油酸与亚麻酸的比例为4∶1～6∶1。也就是说，准妈妈既要注意膳食脂肪总量的摄入，又要保证脂肪酸的比例适宜。

其中，亚麻酸的摄入更为重要。这是因为，亚麻酸对胎儿的脑部、视网膜、皮肤和肾功能的发育十分重要，长期缺乏亚麻酸会影响注意力和认知发育。从怀孕26周至出生后两岁，是脑部和视网膜发育最为重要的阶段。由于母亲是胎儿和婴儿营养的主要提供者，因此孕期和哺乳期的妈妈要特别注意亚麻酸的摄入。

核桃不但含有亚麻酸和磷脂，并且富含维生素E和叶酸，孕期和哺乳期妈妈不妨多吃一些。

孕6月产前检查项目

准妈妈在孕6月的产前检查项目包括糖尿病筛查、B超检查及其他相关检查等。

1 糖尿病筛查

50克葡萄糖筛查应在妊娠24～28周时做，方法为将葡萄糖粉50克溶于200毫升水中，5分钟内服完，1小时后测定血糖值，若血糖值≥7.8mmol／L为糖筛查异常。随着妊娠月份的增大，准妈妈体内及胎盘分泌的激素有对抗胰岛素的作用，造成胰岛素功能相对不足，所以妊娠期有可能发生糖尿病，容易影响胎儿的发育，最直接的危害是导致胎儿过大，造成难产。如果准妈妈以前未患过糖尿病，孕期发生糖尿病的概率是3%。

2 B超检查

妊娠20周左右，医生会建议你行B超检查，可了解胎儿的发育情况有无异常。在妊娠的前半期，利用B超可诊断妊娠、死胎、葡萄胎、异位妊娠、妊娠合并肿瘤、子宫畸形、脑积水、无脑儿等，这些诊断均应在膀胱充盈时进行。妊娠后半期，

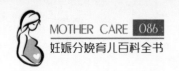

利用B超可诊断胎位、双胎或多胎、羊水过多或过少、胎儿畸形、胎儿性别、胎盘定位、妊娠晚期出血的原因、胎儿头径线测量、胎儿宫内情况，通过胎盘分级、羊水量多少、胎儿双顶径等来判断胎儿的成熟度和预测胎龄。

孕20周左右，羊水相对较多，胎儿大小比较适中，在宫内有较大的活动空间。此时行B超检查，能清晰地看到胎儿的各个器官，可以对胎儿进行全身检查。

如果发现胎儿畸形或存在异常，就应及时中止妊娠。尽管B超检查可以发现很多畸形和异常，但有些异常超声根本就不能发现，如先天性耳聋。B超检查的准确性受客观条件的限制，如仪器的分辨率不够高、胎儿的位置固定不动、羊水过少、没有很好的对比度等。

准妈妈谨防静脉曲张

妇女妊娠时，出现下肢和外阴部静脉曲张是常见的现象。静脉曲张往往随着妊娠月份的增加而逐渐加重，越是妊娠晚期，静脉曲张越厉害，经新妈妈比初新妈妈更为常见且严重。这是因为，妊娠时子宫和卵巢的血容量增加，以致下肢静脉回流受到影响；增大的子宫压迫盆腔内静脉，阻碍下肢静脉的血液回流，使静脉曲张更为严重。

静脉曲张是可以减轻和预防的。首先准妈妈在妊娠期要休息好。有些准妈妈因工作或习惯经常久坐久站，就易出现下肢静脉曲张，因此只要准妈妈注意平时不要久坐久站，也不要负重，就可避免下肢静脉曲张。

准妈妈若出现下肢或外阴静脉曲张，如自觉下肢酸痛或肿胀，容易疲倦，小腿隐痛，踝部和足背有水肿出现，行动不便，要注意休息，严重时需要卧床休息，用弹力绷带缠缚下肢，以防曲张的静脉结节破裂出血。一般在分娩后静脉曲张会自行消退。

准妈妈为什么容易腿抽筋

半数以上的准妈妈在孕期会发生腿部抽筋。这是因为准妈妈在孕期中体重逐渐增加，双腿负担加重，腿部的肌肉经常处于疲劳状态。另外，怀孕后对钙的需要量明显增加。如果膳食中钙及维生素D含量不足或缺乏日照，会加重钙的缺乏，从而增加了肌肉及神经的兴奋性，容易引起腿抽筋。夜间血钙水平比日间要低，故小腿抽筋常在夜间发作。

一旦抽筋发生，只要将足趾用力向头侧或用力将足跟下蹬，使踝关节过度屈曲，腓肠肌拉紧，症状便可缓解。为了避免腿部抽筋，应注意不要使腿部肌肉过度疲劳。不要穿高跟鞋，睡前可对腿和脚进行按摩，平时要多摄入一些含钙及维生素D丰富的食品，适当进行户外活动，多接受日光照射，必要时可加服钙剂和维生素D。

下肢肌肉痉挛多见于妊娠后期，是准妈妈缺钙的表现，出现痉挛时可行局部按摩，痉挛症状常能迅速缓解。已出现下肢肌肉痉挛的准妈妈应及时补充钙质，多晒太阳。

准妈妈下肢水肿的治疗

在孕中晚期，由于增大的子宫压迫下腔静脉，影响下肢静脉回流，准妈妈容易出现踝部及小腿下半部轻度水肿，休息后便可消退。这属于正常现象。若水肿明显，且无缓解，则应进一步检查有无其他妊娠并发症，及时诊断与治疗。若为单纯性下肢水肿，在睡眠时应取侧卧位，下肢抬高15°，有利于下肢血液回流，可减轻水肿。

色彩环境能促进胎儿的发育

不同的颜色对人的情绪有不同的影响。实验发现，长期处在黑色调房间的人，会感到心烦意乱、情绪低沉、躁动不安和极度疲劳。淡蓝色、粉红色等温柔的色调会给人洁净安静的感觉，在这种房间工作，人会变得宁静友好，性情比较柔和。红色会使人感到心情压抑和疲劳。白色会给人清洁、朴素、坦率、纯洁的感觉。

如何选择恰如其分的色彩环境来促进胎儿的发育呢？

准妈妈居室的色彩应该清新温馨，可采用乳白色、淡蓝色、淡紫色、淡绿色等。准妈妈在这样的环境里，内心会变得平和安详，心情也会变得稳定。

如果准妈妈工作比较紧张繁忙，家中可用粉红色、橘黄色、淡黄色布置，因为这些颜色都会给人一种轻松、活泼、悦目、希望的感觉。准妈妈从紧张的工作环境中回到轻松温馨的家里，可以放松心情，缓解疲劳和压力，有利于胎儿的发育。

怀孕7个月

小宝宝的发育状况

胎儿身长为36～40厘米，体重1000～1200克。

上下眼睑已形成，鼻孔开通，容貌可辨，但皮下脂肪还很少，皮肤暗红色，皱纹较多，脸部如老人一般。脑部逐渐发达。

男胎的睾丸还未降至阴囊内，女胎的大阴唇也尚未发育成熟。胎儿还没有完全具备在体外生活的适应能力，若在此时出生，往往需要精心护理，严密监护，才能存活下来。

准妈妈身体的变化

子宫底高23～26厘米，上腹部已明显凸出、胀大。腹部向前凸出成弓形，并且常会有腰酸背痛的感觉。子宫对各种刺激开始敏感，胎动亦渐趋频繁，偶尔会有收缩现象，乳房更加发达。

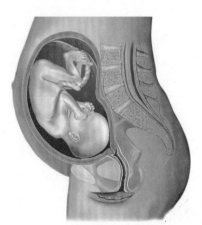

准妈妈注意事项

由于大腹便便，准妈妈的身体重心容易不稳，眼睛无法看到脚部，特别是在上下楼梯时要十分小心。这段时间母体若受到外界过度的刺激，会有早产的危险，应该避免激烈运动，避免压迫腹部的姿势。

长时间站立或压迫下半身，很容易造成静脉曲张或足部水肿，应时常把脚抬高休息。若出现静脉曲张，则应穿弹性袜来减轻症状。

在饮食方面，依然要注意摄取均衡的营养，尤其应多吃富含钙质、铁质的食物。

准妈妈孕7月指南

在此时期出生的胎儿是发育不足的早产儿，为防万一，住院用品应及早准备齐全。此外，婴儿床、婴儿房等都应准备妥当。准妈妈可以在此时去美容院换一款比较清爽的发型。

孕7月，你的腹部将继续增大，当你活动的时候，要更加小心。

双胞胎准妈妈注意事项

准妈妈怀双胞胎或多胎后，母体处于超负荷状态，若不合理调节，就会在妊娠、分娩和产后的不同阶段发生各种异常情况。因此，怀双胞胎的准妈妈要特别注意以下事项：

要尽早发现双胎妊娠

怀孕后，要随时注意子宫的大小，如发现子宫偏大，尤其在孕20周，子宫底高度超过正常范围，要考虑双胎妊娠的可能，应及时去医院检查。如明确是双胎妊娠，可以在妊娠28周起，得到系统随访，采取各方面的保健措施。

预防双胞胎出现意外

双胞胎准妈妈应加强营养，以免发生贫血。通过加强营养，摄入足够的蛋白质、维生素，并加服铁剂、叶酸，以保证母婴的健康。

双胞胎准妈妈在妊娠晚期容易发生急性羊水过多、胎膜早破、早产、胎儿过小等，死亡率也较高。对此，应在医生的指导下加强预防。

双胞胎准妈妈容易合并妊娠期高血压疾病、仰卧位低血压综合征及胎儿生长受限等，应请医生经常检查。

由于子宫过度伸展，胎盘过大，有时容易形成胎盘前置或低置，发生产前出血，也可因产后子宫收缩不良引起产后大出血，应特别注意。

如果第一个胎儿是臀位，第二个胎儿是头位，羊膜破后，分娩时可发生两胎头交锁，导致难产。

预防早产。由于两个胎儿在子宫内同时生长，常导致子宫过度膨胀，如果并发羊水过多，子宫的肌张力就更大，往往难以维持到足月而提前分娩。妊娠28~37周，尤其是34周后，卧床姿势最好采取左侧卧，不宜取坐位、半坐位及平卧位。若出现先兆早产征兆，则应及时去医院求助医生。

⌒ 预防双胞胎分娩并发症

对双胞胎准妈妈采取保健措施后，一般均能使孕期延长到37周左右。这时胎儿各方面都已发育成熟，基本上具备了存活能力。以后随着胎龄的增长，胎儿不断增大，母体子宫肌肉长期处于高张力状态，如果缺乏充分的准备，突然进入分娩期，就容易发生宫缩无力、产程延长、胎膜早破、胎盘早期剥离、脐带脱垂、胎位异常、产后流血、产褥期感染等严重并发症。

应对准妈妈分娩并发症的措施有以下几种：

● 当妊娠已近37周时，可停服硫酸舒喘灵片，并且可入院待产，以便请医生帮助分娩。

● 准妈妈应保证充足的休息。

● 医生可进行人工破膜，为发动宫缩打下良好的基础。对做了人工破膜的新妈妈，医生可在产程中适当给予静脉滴注低浓度催产素，以调解产力，防止子宫破裂、脐带脱垂和胎盘早期剥离。

● 分娩以后，适当合理地应用一些子宫收缩剂和抗生素，有利于预防产后出血及产褥期感染。

准妈妈孕7月饮食指导

7个月的胎儿生长速度依然较快，准妈妈要多为腹中的宝宝补充营养。在保证营养供应的前提下，坚持低盐、低糖、低脂饮食，以免出现妊娠期糖尿病、妊娠期高血压疾病、下肢水肿等现象。

孕7月准妈妈对蛋白质的需要量和孕6月一样，每天75～95克。平均每天主食（谷类）400～450克，植物油25克左右，总脂肪量60克左右。准妈妈还要注意维生素、铁、钙、钠、镁、铜、锌、硒等营养素的摄入，进食足量的蔬菜、水果。

减轻妊娠斑和妊娠纹的方法

注意以下几个方面会对减轻妊娠斑和妊娠纹有所帮助：

● 怀孕前应注意皮肤护理和体育运动，如果皮肤具有良好的弹性，将有利于承受孕期的变化。

● 怀孕期间应避免体重增加过多，一般不要超过9~15千克。

● 沐浴时，坚持用冷水和热水交替冲洗相应部位，促进局部血液循环。沐浴后，在可能发生妊娠纹的部位涂上滋润霜。

● 可选用对皮肤刺激少的护肤品，避免浓妆艳抹。

● 日光的照射会使妊娠斑加重，因此孕期应注意避免日光的直射。

准妈妈腹部过分下垂可用托腹带

ᔗ 使用托腹带的原因

随着怀孕月份的增加，准妈妈腹部逐渐增大，如果腹肌较紧，腹部无明显下垂，就不需要使用托腹带。但如果出现特殊状况，如巨大儿、羊水过多、双胎或身材矮小等，就会导致腹肌过于松弛，形成悬垂腹，身体重心明显前移，脊柱负担过大，造成准妈妈活动不便或增加疲劳感，就需要使用托腹带托起下垂的腹部，同时这种支撑也有利于下肢血液循环通畅，减少或减轻下肢水肿与下肢静脉曲张。

ᔗ 使用托腹带的注意事项

• 用托腹带的部位应稍低一点，将下垂的腹部向上兜起，发挥支撑作用。

• 松紧要适度，太松不起作用，太紧会妨碍准妈妈的呼吸与消化功能，而且对胎儿发育极为不利。

• 托腹带的布料要选用柔软的纯棉制品。有些准妈妈为保持体形美观，盲目选用面料很差的托腹带将腹部束起来，这种做法很不科学。

妊娠期高血压疾病的防治

妊娠期高血压疾病是指妊娠20周后准妈妈的收缩压高于140毫米汞柱或舒张压高于90毫米汞柱，或妊娠晚期比早期收缩压升高30毫米汞柱或舒张压升高15毫米汞柱，伴有水肿、蛋白尿的疾病。妊娠期高血压疾病多发于初新妈妈或多胞胎、家族中曾发生过妊娠期高血压疾病或肾脏疾病的准妈妈。

妊娠期高血压疾病的主要病变是全身性小血管痉挛，可导致全身所有脏器包括胎盘灌流减少，出现功能障碍，严重者胎儿生长受限或胎死腹中。

预防胜于治疗，应控制饮食，勿吃太咸或含钠高的食物，如腌制品、罐头加工食品等，再用药物控制血压。除了口服降低血压药物之外，可用硫酸镁解除痉挛。不过血液中镁离子的浓度必须维持一定治疗浓度，太低无效，太高又怕会产生副作用，因此应经常抽血检查，以监测镁离子浓度，中重度妊娠期高血压疾病患者必须住院治疗。

妊娠期糖尿病的防治

妊娠期糖尿病是指妊娠期发生或发现的糖尿病，其发生率为1%～5%。妊娠期复杂的代谢改变使糖尿病的控制更复杂化，患者的分娩期并发症和胎婴儿并发症的发生率也明显增高。因此对妊娠期糖尿病患者在妊娠、分娩及产后各阶段做好血糖监测和护理是减少母婴并发症的重要环节。

控制饮食是治疗妊娠期糖尿病的主要方法，理想的饮食应该是既能提供维持妊娠的热量和营养，又不引起餐后血糖过高。

孕中、晚期适当增加糖类的量。主食每日250～300克，蛋白质

按孕前标准体重计算每日所需的总热量
若准妈妈为低体重，每日所需总热量为167千焦／千克体重
若准妈妈为正常体重，每日所需总热量为126千焦／千克体重
若准妈妈为高体重，每日所需总热量为100千焦／千克体重

每日1.5～2.0克／千克体重，每天进食4～6次，睡前必须进食1次，以保证婴儿的需要，防止夜间发生低血糖。

除蛋白质以外，副食的量以孕期体重每月增长不超过1.5千克为宜，孕前体重正常的妇女整个孕期体重增长控制在9～15千克，孕前体重肥胖的妇女孕期体重增长控制在8～10千克。

每天吃1个水果，安排于两餐之间，选择含糖量低的水果，如苹果、梨、橘子等。

准妈妈的饮食胎教

　　宝宝出生后的饮食习惯深受胎教的影响。临床发现，有些宝宝出现食欲不振、吐奶、消化不良、偏食等现象，其母亲怀孕时的饮食状况也不是很好。如果希望日后宝宝能有良好的饮食习惯，就应注意饮食胎教。营养师建议准妈妈应先从自己做起：

1 三餐定时
　　最理想的三餐进食时间为早餐7~8点、午餐12点、晚餐6~7点。不论多忙碌，准妈妈都应该按时吃饭。

2 三餐定量
　　准妈妈三餐都要保证足够的进食量，注意热量摄取与营养的均衡。

3 三餐定点
　　边吃饭边读书或看电视是不好的进食习惯。如果希望将来宝宝能专心坐在餐桌旁吃饭，准妈妈就应在吃饭时固定在一个地点，进食过程从容不迫，保持心情愉快，且不被干扰而影响或打断用餐。

4 以天然食物为主
　　准妈妈应多吃天然食物，如五谷、青菜、新鲜水果等。烹调时以保留食物原味为原则，少用调味料。另外，少吃"垃圾食品"，让宝宝在母亲肚子里就习惯健康的饮食模式，加上日后的用心培养，相信宝宝将来会养成良好的饮食习惯。

　　总之，准妈妈的饮食胎教原则就是摄取均衡营养、培养良好的饮食习惯。千万不要忘记您的一举一动对宝宝的影响。

孕晚期

怀孕8个月

小宝宝的发育状况

胎儿身长为41~44厘米，体重1600~1800克。胎儿主要器官已经基本发育完成，肌肉发达，皮肤红润，皮下脂肪增厚，体形浑圆，脸部仍然布满皱纹。神经系统变得发达，对体外声音有反应。胎儿动作更活泼，力量更大，有时会踢母亲腹部。

此时胎儿头部朝下才是正常胎位。胎儿已基本具备生活在子宫外的能力，但准妈妈仍需特别小心。

准妈妈身体的变化

此时准妈妈下腹部更显凸出，子宫底高27~29厘米，将内脏向上推挤，心、肺、胃受到压迫，会感到呼吸困难，食欲不振，腰部更容易感到酸痛，下肢可出现水肿或静脉曲张。

此时是孕期自孕吐后第二次出现的痛苦时期。

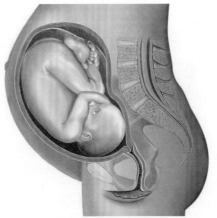

准妈妈腹部皮肤紧绷，皮下组织出现断裂现象，从而产生妊娠斑。下腹部、乳头四周及外阴部等处的皮肤有黑色素沉淀，妊娠黄褐斑也会非常明显。

准妈妈注意事项

在此时期，准妈妈很容易患妊娠期高血压疾病。如果在早晨醒来，水肿未退，或一周内体重增加500克以上，就应尽快到医院做检查。妊娠期高血压疾病虽然可怕，但只要及早发现，及时治疗，应无大碍。因此从这个月起，定期产前检查最好改为两周一次，绝对不要忽略了。

准妈妈平时应多休息，不可过度疲劳，并且控制水分和盐分的摄取量。此外，还应严防流行性感冒。

准妈妈孕8月指南

开始为生产做准备，练习分娩时的呼吸方法、按摩方法及用力方法。孕8月的准妈妈一定要警惕，因为这段时期非常容易出现早产，应该避免过度疲劳和强烈刺激，并且不要使腹部受压。

孕晚期应为母乳喂养做准备

如果决定要用自己的乳汁喂养宝宝，那么从怀孕开始就应该为将来的母乳喂养做好各方面的准备。

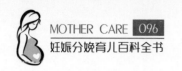

1 注意孕期营养
母亲营养不良会造成胎儿宫内发育不良，还会影响产后乳汁的分泌。在整个孕期和哺乳期，都需要摄入足够的营养，多吃富含蛋白质、维生素和矿物质的食物，为产后泌乳做准备。

2 注意对乳头和乳房的保养
乳房、乳头的正常与否会直接影响产后哺乳。在孕晚期，可在清洁乳房后用羊脂油按摩乳头，增加乳头柔韧性；使用棉制乳罩支撑乳房，防止乳房下垂。乳头扁平或凹陷的准妈妈，应在医生指导下，使用乳头纠正工具进行矫治。

3 定期进行产前检查
发现问题及时纠正，保证妊娠期身体健康及顺利分娩，是妈妈产后能够分泌充足乳汁的重要前提。

4 了解有关母乳喂养的知识
准妈妈应取得家人的共识和支持，树立信心，下定决心，这样母乳喂养才能够成功。

孕期乳头护理注意事项

准妈妈洗完澡以后，可以在乳头上涂上油脂，然后用拇指和食指轻轻地抚摩乳头及其周围部位。不洗澡时应用干净的软毛巾擦拭，也可用以上方法按摩乳头。如果乳头上有硬痂样的东西，不要生硬取掉，晚上睡觉前，在乳头上覆盖一块涂满油脂的纱布，次日早晨起床后再擦掉。准妈妈平时不要留长指甲，以免在做乳头养护时使其受到损伤。

为开通乳腺导管，促进乳腺发育，可用温热毛巾敷在乳房上，在毛巾上面把乳房夹在手掌和肋骨之间进行按摩。从怀孕的第33周起，用手指把乳晕周围挤压一下，使分泌物流出，以预防乳腺导管不通，造成产后乳汁郁积。

孕晚期准妈妈要学会腹式呼吸法

孕晚期，很多准妈妈都会出现呼吸困难或胸闷憋气的感觉。也许医生没有告诉你，怀孕最后3个月，准妈妈应学会腹式呼吸。孕晚期准妈妈的耗氧量明显增加，而且胎儿生长发育最快，胎儿需要的氧气更多，如果准妈妈练习腹式呼吸，不仅能给胎儿输送新鲜的空气，而且可镇静神经，消除紧张与不适，在分娩或阵痛时还能缓解紧张心理。

腹式呼吸法的具体做法是：首先平静心情，并轻轻地告诉胎儿："宝宝，妈妈给你输送新鲜空气来啦。"然后，背部紧靠椅背挺直。全身尽量放松，双手轻轻放在腹部，在脑海里想象胎儿此时正舒服地居住在一间宽敞的大房间里，然后鼻子慢慢地长吸一口气，直到腹部鼓起为止。最后缓慢呼出，每天练习不少3次。

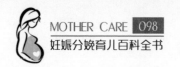
准妈妈孕8月饮食指导

孕8月的准妈妈会因身体笨重而行动不便。子宫已经占据大半个腹部，胃部被挤压，饭量受到影响。所以经常会有吃不饱的感觉。准妈妈要尽量补足因胃容量减小而少摄入的营养，实行一日多餐，均衡摄取各种营养素，防止胎儿生长受限。

准妈妈要增加摄入优质蛋白质，每天75~100克。

孕8月，胎儿开始在肝脏和皮下储存糖原和脂肪。此时如果准妈妈糖类摄入不足，将导致母体内蛋白质和脂肪分解加速，易造成蛋白质缺乏或酮症酸中毒，所以准妈妈要保证热量的供给，保证每天主食（谷类）400~450克，总脂肪量60克左右。

准妈妈要适量补充各种维生素，每天要喝6~8杯水，并适量补充各种矿物质。为了减轻水肿和预防妊娠期高血压疾病，在烹饪食物时要少放食盐。

准妈妈不宜营养过剩

有的准妈妈胃口特别好，不但吃得多，营养也相当丰富，并且很少活动，她们以为这样才有利于胎儿生长发育和分娩。其实这种吃法很容易使准妈妈发胖，也会使胎儿过大，容易造成分娩困难。

如果准妈妈每日各种食物吃得过多，特别是摄入糖类和脂肪过多，出现营养过剩，会导致准妈妈血压偏高和导致胎儿长成巨大儿。如果准妈妈过胖，还容易造成哺乳困难，不能及时给孩子喂奶，以致乳腺导管堵塞，引起急性乳腺炎。

准妈妈多吃鱼可降低早产概率

研究发现，准妈妈吃鱼越多，怀孕足月的可能性越大，出生时的婴儿也会较一般婴儿更健康、更精神。

研究发现，经常吃鱼的准妈妈出现早产和生出体重较轻婴儿的可能性要远远低于那些平时不吃鱼或很少吃鱼的准妈妈。调查还发现，每周吃一次鱼，就可使从来不吃鱼的准妈妈早产的可能性从7.1%降至1.9%。

研究人员推断，鱼肉之所以对准妈妈有益，是因为它富含 ω-3脂肪酸。这种物质有延长怀孕期、防止早产的功效，也能有效增加婴儿出生时的体重。

孕8月产前检查项目

询问准妈妈的健康状况和胎动计数，自上次检查后身体有无不适的感觉，如头晕、头疼、眼花、下肢水肿、阴道出血等。

测量血压、体重，检查子宫高度、腹围、胎位、胎心，绘制妊娠图，以便了解准妈妈和胎儿的情况。

情况正常者孕34周后做胎心监护，高危妊娠者孕32周做胎心监护，以便了解胎儿在子宫内的安危。

进行骨盆测量，了解骨盆内部的大小，以便估计分娩有无困难。

对准妈妈进行健康指导，讲解胎动的自我监测和母乳喂养的提前准备等孕产育儿知识，让准妈妈做到心中有数。

摸摸宝宝的胎位是否正常

宝宝的头呈圆球状，相对较硬，是最容易摸清楚的部位。因此，胎位是否正常可通过监测胎头的位置来确定。准妈妈最好在产前检查时向医生学习这种检查方法，但在怀孕早、中期时，胎儿往往还漂浮在羊水中，加之活动，所以胎位会发生变化，在32孕周后就比较固定了。

正常胎位时，可在下腹中央即耻骨联合上方摸到胎儿头部，如果在这个部位摸到圆圆、较硬、有浮球感的东西，那就是胎头。要是在上腹部摸到胎头，在下腹部摸到宽软的东西，表明胎儿是臀位，属于不正常胎位；在侧腹部摸到胎头，胎体呈横宽走向时为横位，也属于不正常胎位，这两种胎位均需在医生指导下采取胸膝卧位纠正，每次15~20分钟，早晚各1次。存在脐带绕颈的准妈妈在进行胸膝卧位纠正时，一定要在医生指导下进行，谨防出现胎儿窒息。

> **温馨提示**
>
> 不正常的胎位即使已经纠正过来，还需坚持监测，以防再次发生胎位不正。

准妈妈要预防胎盘功能不全

怀孕期间要摄入足够的维生素、钙、铁、蛋白质等营养物质，注意合理饮食，平衡膳食。

孕期要劳逸结合，尤其在妊娠晚期，更要坚持适度散步，以促进全身血液循环。自己在家里可数胎动，对腹中宝宝的健康状态密切关注。

遵照医生的要求，定时做产前检查。尤其是患妊娠期高血压疾病、心脏病或肾病的准妈妈，只有这样，才能及时发现胎盘功能异常，及时进行治疗。

准妈妈如何避免早产

早产是新生儿出生后最常见的死亡及致病原因之一，准妈妈应注意下列事项，增进母子健康，预防早产：

● 早进行产前检查，找出自己的危险因子，评估营养、身心及过去的生产史。

● 补充钙、镁、维生素C、维生素E等营养素。深海鱼油中含有亚油酸，可以调节免疫功能，预防早产，同时使新生儿将来患多动症的机会减少。

● 充分休息，减少压力。

● 如有下腹不适、分泌物大量增加、膀胱不适、尿频及阴道点状出血或出血等症状，应尽早就医。

● 注意宫缩情况，如果有不规则收缩增加或疼痛逐渐规则的情形，就应就医。

● 若患有生殖道感染疾病，则应及时请医生诊治。

● 孕晚期最好不长途旅行，避免路途颠簸劳累。

● 不要到人多拥挤的地方去，以免腹部受到冲撞挤压。

● 走路时，特别是上、下台阶时，一定要注意一步一步地走稳。

● 不要长时间持续站立或下蹲。

● 在孕晚期，须禁止性生活。

● 怀孕期间，准妈妈要注意改善生活环境，减轻劳动强度，增加休息时间。

● 准妈妈心理压力越大，早产发生率越高，特别是紧张、焦虑和抑郁与早产关系密切。

● 准妈妈要保持心境平和，消除紧张情绪，避免不良精神刺激。

● 要摄取合理充分的营养。

● 孕晚期应多卧床休息，并采取左侧卧位，减少宫腔向宫颈口的压力。

准妈妈要预防胎儿生长受限

怀孕期间，有的胎儿长得比较慢，准妈妈的子宫高度和体重未达到应有的增幅，

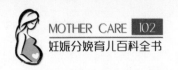

这就是胎儿生长受限。准妈妈应采取以下措施预防胎儿生长受限：

- 妊娠并发症的患者应尽早到医院检查，不适宜妊娠者尽量在孕早期终止妊娠。

- 准妈妈应保持精神放松。

- 加强营养，合理搭配饮食，特别是保证高蛋白食物的摄入。

- 减少大运动量的活动，如果上班太远太累，应注意休息，减少体力消耗。

- 怀孕早期，避免与有毒有害物质接触，如辐射、宠物等。

- 尽量不服药。如果用药也要在医生指导下服用。

锻炼宝宝的记忆能力

研究表明，胎儿具有记忆能力。在第八个月，宝宝的脑神经已较发达，初步具有思维、感觉和记忆功能。这个时期应多对宝宝进行固定、反复刺激，让宝宝产生固定的条件反射。如重复诵读诗歌、散文等文学作品，也可重复播放几首悦耳的曲子，可促进宝宝记忆能力的发展。

很多年轻的母亲们都有过这样的体会，当刚出生的宝宝哭闹不止时，如果将宝宝的耳朵贴近母亲的胸口，母亲心脏跳动的声音传到宝宝耳朵里，宝宝就会立即停止哭闹，安静地入睡。这是因为胎儿对母亲心跳声有了记忆。一旦又听到了熟悉的心脏跳动声音，马上就产生一种安全感，立刻停止哭闹，安静入睡。

专家分析，胎儿对外界刺激的感知体验，将会长期保留在记忆中直到出生后，而且对婴儿的智力、能力、个性等均有很大的影响。由于胎儿在子宫内通过胎盘接受母体供给的营养和母体神经反射传递的信息，使胎儿脑细胞在分化、成熟过程中不断接受母体神经信息的调节与训练。因此，妊娠期母体"七情"的调节与子女记忆的形成、才干的发展有很大的关系。

怀孕9个月

小宝宝的发育状况

胎儿身长为47～48厘米，体重2400～2700克。

可见完整的皮下脂肪，身体圆滚滚的。脸、胸、腹、手、足等处的胎毛逐渐稀疏，皮肤呈粉红色，皱纹消失，指甲也长至指尖处。男婴的睾丸下降至阴囊中，女婴的大阴唇开始发育。内脏功能完全，肺部机能调整完成，可适应子宫外的生活。

准妈妈身体的变化

肚子越来越大，子宫底高30～32厘米。子宫胀大，导致胃、肺与心脏受压迫，所以会感到心中闷热，不想进食，心跳加速，气喘加剧，呼吸困难。有时腹部会发硬、紧张，此时就应卧床休息。分泌物还会增加，排尿次数增多，而且排尿后仍会有尿意。

准妈妈注意事项

母体的体力大减，容易疲倦。为了储备体力准备生产，准妈妈因此应该有充分的睡眠与休养。

做完家务事后的休息时间也应加长，但不可忘了适度的运动。此时不可随意刺激子宫，最好能停止性生活。不要一次进食太多，以少量多餐为佳，多摄取易消化且营养成分高的食物。

准妈妈孕9月指南

想回娘家待产的准妈妈，最好此刻就开始动身，应选择震动性不大的交通工具。

最好到预定生产的医院做一次检查，不要忘了携带以往的检查记录。应仔细检查生产所需的用品，避免遗漏任何物品。

准妈妈孕9月饮食指导

在为孕9月的准妈妈设计营养配餐时，要注意使胎儿保持一个适当的出生体重，这样才有利于婴儿的健康生长。宝宝出生体重过低或过高均会影响婴儿的生存质量及免疫功能。

1 蛋白质

准妈妈每天摄入优质蛋白质75～100克，蛋白质食物来源以鸡肉、鱼肉、虾、猪肉等动物蛋白为主，可以多吃一些海产品。

2 糖类

准妈妈保证每天主食（谷类）400克左右。

3 脂肪

准妈妈保证每天总脂肪量60克左右。孕9月时，胎儿大脑中某些部分还没有成熟。因此，准妈妈需要适量补充脂肪，尤其是植物油仍是必需的。

4 维生素

孕9月的准妈妈应注意补充维生素。其中水溶性维生素以硫胺素（维生素B_1）最为重要。本月如果准妈妈硫胺素补充不足，易出现呕吐、倦怠、体乏等现象。还可能影响分娩时子宫收缩，使产程延长，分娩困难。

如果准妈妈缺乏维生素K，将会造成新生儿在出生时或满月前后出现颅内出血，因此应注意补充维生素K，多吃动物肝脏及绿叶蔬菜等富含维生素K的食物。为了促进钙和铁的吸收，还要注意补充维生素A和维生素C。

5 铁质

准妈妈在此时应补充足够的铁。胎儿肝脏以每天5毫克的速度储存铁，直到存储量达到240毫克。如果此时准妈妈铁摄入不足，可影响胎儿体内铁的存储，出生后易患缺铁性贫血。

6 钙质

准妈妈在此时还应补充足够的钙。胎儿体内的钙一半以上是在怀孕期最后两个月存储的。如果孕9月准妈妈钙摄入量不足，胎儿就要动用母体骨骼中的钙，致使母亲发生软骨病。

7 水分

由于准妈妈胃部容纳食物的空间不多，所以不要一次大量饮水，以免影响进食。

准妈妈可适当吃点坚果

坚果中含有大量的脂肪和蛋白质，这无论对于准妈妈自己的能量补充，还是腹中胎儿的成长都是不可或缺的。

坚果含有的油脂虽多，却多以不饱和脂肪酸为主。对于胎儿大脑发育来说，需要的第一营养成分就是脂类（不饱和脂肪酸）。据研究，大脑细胞由60%的不饱和脂肪酸和35%的蛋白质构成。另外，坚果类食物中还含有15%～20%的优质蛋白质和十几种重要的氨基酸，这些氨基酸都是构成脑神经细胞的主要成分。

坚果还含有对大脑神经细胞有益的维生素B_1、维生素B_2、维生素B_6、维生素E及钙、磷、铁、锌等营养素。因此无论是对准妈妈，还是对胎儿，坚果都是补脑益智的佳品。

1 核桃

补脑、健脑是核桃的首要功效，另外，核桃含有的磷脂具有增强细胞活力的作用，能够增强机体的抵抗力，还可以促进造血和伤口愈合。此外，核桃仁还具有镇咳平喘的作用。经历冬季的准妈妈可以把核桃作为首选的零食。

2 花生

花生的蛋白质含量高达30%左右，其营养价值可与鸡蛋、牛奶、瘦肉等媲美，而且易被人体吸收。花生皮还有补血的功效。

3 瓜子

多吃南瓜子可以防治肾结石病；西瓜子具有利肺、润肠、止血、健胃等功效；葵花子所含的不饱和脂肪酸能起到降低胆固醇的作用。

4 松子

松子含有丰富的维生素A、维生素E，以及人体必需的脂肪酸、油酸、亚油酸和亚麻酸。它具有益寿养颜、祛病强身的功效。

5 榛子

榛子含有不饱和脂肪酸，并富含磷、铁、钾等矿物质，以及维生素A、维生素B_1、维生素B_2、烟酸，经常吃可以明目健脑。

孕9月应进行胎心监测

胎心监测是指用胎心监护仪检测胎儿的心率，同时让准妈妈记录胎动，观察这段时间内胎心率情况和胎动以后胎心率的变化。医生据此来了解胎儿宫内是否缺氧和胎盘的功能。

胎心监测一般在妊娠33～34周后进行。进行胎心监测时，医生会在准妈妈腹部涂上超声耦合剂，将胎心监护仪上的带子绑到宫底和胎心最强的位置上，仪器可显示胎儿心率及子宫收缩的频率和强度。记录需20～40分钟。

正常情况下，20分钟内应有3次以上的胎动，胎动后胎心率每分钟会增快15次以上。如果有宫缩，宫缩后胎心率则不易下降。

不要空腹做胎心监护，否则会出现假阳性的情况。一般在孕36周后每周行一次胎心监护，如果准妈妈属于高危妊娠，如妊娠合并糖尿病等，就应每周做两次监护。

孕9月查查胎盘功能

自孕36周开始，应定期到医院做有关胎盘功能的检查，关注胎盘的健康状况。医生会根据你的综合情况来判定是否存在胎盘功能不全，或做进一步干预措施。下面列出了胎盘功能的检查方法：

1 胎动计数

因为胎动和胎盘供血状态有密切联系，如果胎盘功能减退，胎儿可因慢性缺氧而减少活动。

如果胎儿在12小时内的活动次数少于10次，或逐日下降超过50%而不能恢复，或突然下降超过50%，就提示胎儿缺氧。准妈妈应高度重视，及时采取左侧卧位，增加胎盘血流，并到医院进一步检查和治疗。

2 化验检查

胎盘分泌绒毛膜促性腺激素、孕激素、胎盘生乳激素等，借助对胎盘分泌的这些激素的检查，可以看出其胎盘功能是否正常。

3 胎心率监测

目前大都使用"非加压试验"（NST），如果胎动时呈现胎心率加速变化，就属于正常反应，说明胎盘功能还不错，一周内将不会发生因胎儿、胎盘功能减退所致的胎儿死亡。

4 B超检查

B超检查内容包括胎儿双顶径大小、胎盘功能分级、羊水量等。

如何预防巨大儿

准妈妈应避免体重增长过多

实践证明，胎儿出生体重与准妈妈孕前体重以及妊娠期体重增长呈正相关，准妈妈孕前体重较重，孕期体重增长较多，胎儿的出生体重就相应高；准妈妈孕前体重较轻，孕期体重增长较少，胎儿的出生体重就相应轻。因此，可以通过准妈妈体重增长情况来估计胎儿大小及准妈妈的营养摄入是否合适。

一般来讲，如果准妈妈孕期体重增长过多，就提示准妈妈肥胖和胎儿生长过快（水肿等异常情况除外）。胎儿体重超过4000克（巨大儿）时，分娩困难以及产后患病的概率就会增加。

事实证明，胎儿出生时的适宜体重为2.5～3.15千克，准妈妈整个孕期体重增长平均为12.5千克，孕前体重过低者可增加15千克，孕前超重者以增加10千克为宜。

准妈妈应避免营养过剩

如果准妈妈营养过剩，就会使胎儿吸收过多的营养，生长发育过快，造成巨大儿（体重大于4000克）的机会增加。胎儿过大会增加分娩的困难，容易造成难产、手术产，孩子容易在出生过程中造成产伤。体重适中的胎儿（3000～3449克）阴道分娩的机会大大增加，难产概率小，损伤的概率也就小。巨大儿出生后容易出现低血糖、低血钙、高胆红素血症等并发症。

孕期营养不但会影响胎儿在子宫内的发育状况，而且会影响孩子成年后的健康状况。研究表明，胎儿时期的营养状况与成年后的健康状况密切相关。如果孩子出生时体重适中，成年后发生慢性疾病的风险就比较低。

如果胎儿在宫内发育过快或属于巨大儿，成年后出现肥胖的风险就会很高，出现与肥胖有关的慢性疾病如高血压、糖尿病、心血管疾病等的风险也会随之增高。如果母亲怀孕时患有糖尿病，这种风险就更大。宫内发育过快、胎儿期高血糖、高胰岛素血症是孩子成年时肥胖、高血压及糖尿病的重要根源。

准妈妈应避免糖尿病

妊娠期糖尿病是指妊娠期发生的或首次发现的糖尿病。妊娠期糖尿病的发病原因是因为受孕以后分泌的激素有抵抗胰岛素的作用，随着孕周的增加，特别是在怀孕24～28周时会达到高峰，准妈妈应在此阶段进行糖尿病筛查。近年来，妊娠期糖尿病的发生率有逐年升高的趋势，这可能与准妈妈过度补养、饮食不合理等因素有关。

妊娠期糖尿病容易导致巨大儿，使难产、产伤和胎儿死亡率增加，还会导致羊水过多，容易造成胎膜早破和早产。准妈妈在孕期应严密控制血糖水平，注意饮食均衡，控制热量摄入，适当运动，密切观察体重增加情况，必要时进行自我血糖监测和尿酮测试。

准妈妈应避免过期妊娠

凡平时月经周期规则，妊娠达到或超过42周尚未分娩，就属于过期妊娠。过期妊娠者如果胎盘功能正常，胎儿就

会继续生长，

有25%体重继续增加，从而成为巨大儿，胎儿颅骨钙化明显，不易变形，容易导致阴道分娩困难，难产率和新生儿发病率增加。已确诊过期妊娠者，应酌情终止妊娠，以免胎儿过大。

谨防胎膜早破

正常的破水时间应该在怀孕足月，准妈妈临产后。在没有临产前就发生破水的情况叫胎膜早破，习惯称早破水。

胎膜早破对准妈妈的危害

早破水易造成感染。胎膜破裂后，阴道内的细菌进入子宫腔，细菌繁殖会造成感染。严重感染可导致准妈妈发生感染性休克。破水时间越长，发生感染的机会就越多。

早破水常意味着有可能存在骨盆狭窄、胎位不正的问题。

胎膜早破后羊水流失，无法起到缓解子宫收缩时对胎儿的压力、保持子宫收缩协调的作用，容易导致子宫收缩乏力和不协调宫缩，使难产的机会增加。

胎膜早破对胎儿的危害

发生早破水后50%的准妈妈就会临产。如果早破水发生在怀孕37周前，就会造成早产。

感染和破水后，子宫的不协调收缩对胎儿产生的压迫易造成胎儿窘迫。宫内感染势必会造成胎儿宫内感染和新生儿感染。

破水后没有胎膜的保护，脐带容易滑出，导致脐带脱垂。脐带脱垂、脐带受压就会导致胎儿窘迫和胎死宫内。

胎膜早破还会造成胎儿脑出血以及呼吸系统疾病等，使胎婴儿的发病率和死亡率增加。

妈妈勤动脑，宝宝才聪明

腹中的宝宝能够感知母亲的思想，如果准妈妈在怀孕期间既不勤思考，又不多学

习，宝宝也会受到影响，变得懒惰起来，这对宝宝大脑的发育不利。

如果准妈妈一直勤于思考，勇于探索，工作上积极进取，生活中注意观察分析，同时把自己看到的、听到的信息传递给宝宝，让宝宝不断接受积极的刺激，从而促进大脑神经和细胞的发育，宝宝会变得更加聪明。

经常抚摸胎儿益处多

在妊娠期间，准妈妈经常抚摸一下腹内的胎儿，可以激发胎儿运动的积极性，并且可以感觉到胎儿在腹内活动而发回给母亲的信号。这是一种简便有效的胎教运动，值得每一位准妈妈积极采用。

通过对胎儿的抚摸，沟通了母子之间的信息，并且也交流了感情，从而激发了胎儿运动的积极性，可以促进出生后动作的发展。如翻身、抓、握、爬、坐、立、走等动作，都有可能比没有经过这项运动训练而出生的婴儿要出现的早一些。在动作发育的同时，也促进了大脑的发育，从而会使孩子更聪明。

怀孕10个月

小宝宝的发育状况

胎儿身长50～51厘米，体重2900～3400克。

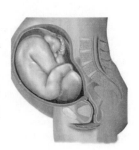

皮下脂肪继续增厚，体形圆润。皮肤没有皱纹，呈淡红色。骨骼结实，头盖骨变硬，指甲越过指尖继续向外生长，头发长出2～3厘米，内脏、肌肉、神经等都非常发达，已完全具备生活在母体之外的条件。胎儿的身长约为头的4倍，正常情况下头部嵌于母体骨盆之内，活动力比较受限。

准妈妈身体的变化

子宫底高30～35厘米。胎儿位置有所降低，腹部凸出部分有稍减的感觉，胃和心脏的压迫感减轻，膀胱和直肠的压迫感却大为增强，尿频、便秘更加严重，下肢也有难以行动的感觉。身体为生产所做的准备已经成熟，子宫颈和阴道趋于软化，容易伸缩，分泌物增加。子宫收缩频繁，开始出现生产征兆。

准妈妈注意事项

孕10月，因随时有可能破水、阵痛而生产，准妈妈应该避免独自外出或出远门，最好留在家中。适当的运动不可缺少，但不可过度，以免消耗太多的精力而妨碍生产，营养、睡眠和休养也必须充足。

准妈妈应保持身体清洁，内衣裤应时常更换。若发生破水或出血等生产征兆，就不能再行洗浴，所以在此之前最好每天勤于淋浴。

准妈妈孕10月指南

终于接近生产的时刻，准妈妈的心情一定既紧张又喜悦。为防止胎儿发生异常

情况，必须每周进行一次定检。检查准备事项是否还有遗漏之处，譬如与家人的联络方法、前往医院的交通工具等是否安排就绪，以便随时到医院生产。此外，还需了解生产开始的各种症状以及住院、分娩和产褥期的相关知识。

温馨提示

生产时间在预产期的前后两周内均为正常现象，所以如果预产期已过，仍无生产迹象，也不用紧张，只要遵从医生指示即可。

适度运动有利分娩

有些准妈妈担心活动会伤胎，不敢参加劳动或运动，这是不对的。适当的运动能使准妈妈全身肌肉得到活动，促进血液循环，增加母亲血液和胎儿血液的交换；能增进食欲，使胎儿得到更多的营养；能促进胃肠蠕动，减少便秘；

还可以增强腹肌、腰背肌和骨盆底肌的能力，有效改善盆腔充血状况；能够有助分娩时肌肉放松，减轻产道的阻力，有利顺利分娩。

提肛运动有助分娩

盆底肌肉支撑着直肠、阴道、尿道，通过提肛运动可以增强盆底肌肉的强度，增加会阴的弹性，可以让准妈妈更容易分娩，避免分娩时会阴部肌肉被撕伤，还能有助于准妈妈避免孕中后期出现的尿失禁现象。将手指洗干净，伸入到阴道内，如果感觉到了手指周围肌肉的压力，那就是盆底肌群。

提肛运动的方法：用中断排尿的方法用力收缩肛门，收缩盆底肌群10～15秒，放松5秒钟；重复做10～20次，一天做3次。准妈妈在站立、坐或躺下时都可以做这项运动。

准爸爸时常为准妈妈做按摩

准妈妈在怀孕后期，不仅行动会不方便，而且身体还会有很多不适。准爸爸在这段时期要是能为妻子每天做个按摩，对缓解妻子身体不适会很有帮助，而且准爸爸的体贴还会让准妈妈心理放松。一开始准爸爸可能笨手笨脚，不知道该如何做，试过几次，就会找到妻子喜欢的方式了。如果准爸爸的手比较粗糙，记着在按摩的时候使用按摩油或润肤油。

准妈妈孕10月饮食指导

孕10月，准妈妈每天应摄入优质蛋白质80~100克，为将来给宝宝哺乳做准备。

临近分娩时，准妈妈可多吃些脂肪和糖类含量高的食品，为分娩储备能量。保证每天主食500克左右，总脂肪量60克左右。可多喝粥或面汤，容易消化，要注意粗细搭配，避免便秘。

孕10月，准妈妈食谱要多种多样，每天保证食用两种以上蔬菜，保证营养全面均衡。除非医生建议，准妈妈在产前不要再补充各类维生素制剂，以免引起代谢紊乱。

临产新妈妈的饮食安排

初新妈妈从有规律性宫缩开始到宫口开全，大约需要12小时。如果是初新妈妈，无高危妊娠因素，准备自然分娩，可准备易消化吸收、可口味鲜的食物，如面条鸡蛋汤、面条排骨汤、牛奶、酸奶、巧克力等食物，让新妈妈吃饱吃好，为分娩准备足够的能量。

如果新妈妈吃不好，睡不好，紧张焦虑，容易导致疲劳，将可能引起宫缩乏力、难产、产后出血等危险情况。

监测胎儿在子宫内的情况

孕晚期可通过定期产前检查、测量宫底高度和腹围、胎动计数、胎心监测等方法

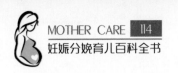

来了解胎儿情况。通过B超检查不仅能测到胎儿各径线值，而且能判断胎位、胎盘的位置以及胎盘成熟度等。

进行羊膜镜检查

通过羊膜镜检查，可以看到羊水呈透明的淡青色或乳白色，有胎发和胎脂片飘动。当羊水混有胎粪时则呈黄色、黄绿色甚至深绿色，羊水颜色的不正常提示胎儿有缺氧的情况。

进行胎心率电子监护

用来监测胎心的仪器叫胎心监护仪。胎心监护仪是把仪器的两个探头放置在准妈妈腹壁上，连续观察并记录胎心率和宫缩变化，以便间接了解胎儿在宫内的健康状况。

胎心率受胎儿交感神经和副交感神经的相互作用会有正常的变异，胎心监护仪可记录胎儿的胎心率基线，即在没有宫缩和胎动影响时10分钟以上胎心率的平均值（正常为每分钟120～160次），还可记录每分钟胎心的变化情况及胎动或宫缩后胎心的反应。

如果胎心率基线和变异情况正常，在胎动或宫缩后的加速反应正常，就说明胎儿健康状况良好。反之，如果胎心基线超出正常范围或变异消失，胎动或宫缩后没有反应，或胎心率反而下降，就证明胎儿存在宫内窘迫的情况，可能有危险，需进一步检查。

监测胎儿成熟度

当准妈妈因某些疾病需要提前分娩，或对怀孕的确切时间搞不清楚的时候，为了避免娩出的胎儿没有发育成熟，就需要做胎儿成熟度的检查。

通过B超测量双顶径，双顶径>8.5厘米，提示胎儿已成熟；通过胎盘的分度了解胎儿是否成熟；抽取羊水做生化监测，如羊水中的肌酐值、卵磷脂和鞘磷脂的比值、羊水中的胆红素值等，可以了解胎儿肺、肾、肝等各脏器的成熟情况。

B超诊断羊水过多或过少

B超检测羊水有两个指标：羊水最大暗区垂直深度和羊水指数。

羊水最大暗区垂直深度：羊膜腔内最深的羊水池的垂直深度，称为羊水最大暗区垂直深度（简称AFV）。当AFV大于8时，说明羊水过多；当AFV小于3时，说明羊水过少。

羊水指数：以准妈妈的肚脐为中心点画两条垂直线，将准妈妈腹部（实际是将羊膜腔）分为4个区，测定各区的羊水垂直深度，然后把4个数值加在一起算出的数值叫做羊水指数（AFI）。例如，测得的数值是5、6、4、0，4个数相加的数值是15，就说明羊水指数为15。当AFI大于20时，说明羊水过多；当AFI小于8时，说明羊水较少；当AFI小于5时，说明羊水过少。

羊水的作用

1 保护胎儿

羊水能够使子宫膨胀，为胎儿提供适当的活动范围，使胎儿在子宫内可做呼吸运动及肢体活动，以助胎儿发育，防止肢体粘连、畸形或关节固定等。羊水还可以使胎儿与外界环境隔离，以免感染。

2 保持恒温环境

羊水能够使胎儿在恒温下进行代谢、生长、发育。

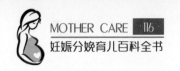
3 调节胎儿体液平衡

当胎儿体内液体较多时，可随尿液排至羊水内；当体内液体少时，胎儿可吞咽羊水作为补充。

4 缓冲外来压力

羊水可以缓冲外界压力，以减少胎儿的直接损伤，同时可保护脐带，避免受压，以防胎儿缺氧。

5 促进产程

临产时，子宫开始收缩，宫腔内的压力由羊水传到宫颈，以扩张宫颈口及阴道，可避免胎儿头部直接压迫母体组织，引起母体软组织损伤。

6 检测胎儿宫内情况

羊水中含有丰富的胎儿代谢产物，可用于测定胎儿宫内情况，如性别、血型、胎儿发育成熟度、胎儿缺氧情况、胎儿畸形、遗传病等。B超下羊水指标见下表。

B超下羊水指标

羊水过少	最大羊水深度小于2厘米
	羊水指数小于8厘米
羊水过多	最大羊水深度大于7厘米
	羊水指数大于18厘米

注意胎头入盆的时间

孕36周后，准妈妈要注意胎头进入骨盆的情况。在正常情况下，孕10月，宝宝的头部已进入母体的骨盆中，宝宝身体的位置稍有下降，准妈妈胃和心脏的压迫感有所减轻，但膀胱和直肠的压迫感大为增强，尿频和便秘症状更加明显，常感到腹部发硬，子宫时不时收缩。

什么是过期妊娠

妊娠达到或超过42周（即超过预产期2周）称为过期妊娠，发生率为8%～10%。有人认为，胎儿在母体内多待一段时间，可以长得更大一些，更成熟一些，对胎儿更好，其实过期妊娠有许多危害。

由于妊娠过期，胎盘会有所老化，容易出现退行性改变，使绒毛间隙血流量明显下降，形成梗塞，使血流量进一步减少，胎儿就无法继续生长。过期妊娠的胎儿头骨会更硬，胎头不易塑形，因此不易通过母体狭窄、曲折的产道。同时，过期妊娠的胎儿长得较长，羊水量较少。

上述因素均容易造成难产，分娩时容易损伤母体产道软组织，还会造成胎儿锁骨骨折。

过期妊娠的胎儿皮肤皱缩，呈黄绿色，头发指甲很长，外表像个"小老头"，哭声轻微，健康状况远较正常分娩儿差。

因此，妊娠超过41周时，新妈妈应及时看医生。医生会根据实际情况决定终止妊娠的方案，如引产或剖宫产等。

严重时胎儿可因缺氧窒息而死亡，且羊水量过少对分娩不利。过期妊娠的胎儿在分娩时因胎儿过大、胎头过硬，会造成难产。

过期妊娠的处理原则

仔细核对预产期

据统计，超过42周的妊娠占妊娠总数的6%～7%，其中有40%～60%实际是足月妊娠，并非过期妊娠，可能是因为平时月经不准，算错怀孕日期。

预产期只是对分娩时间的大致预测，并非精确到某天分娩。观察表明，预产期当日分娩的只占分娩总数的5%；预产期前后3天分娩的占29%；预产期前后两周之内分娩的占80%。因此，即使到了预产期还没有生，准妈妈也不必着急，要知道急躁的情绪对分娩是不利的。

通过核对孕周，如果属于过期妊娠，就要积极处理。早孕检查越早，孕周核对的准确性就越高。

认真记胎动

当发生胎儿宫内缺氧时，首先会表现为胎动减少，因此，孕晚期尤其是超过预产期时，准妈妈一定要认真地数胎动。

使用胎儿监护仪监测

孕40周后，每周做无应激试验（NST）1～2次。如果出现无反应型的结果，就要做催产素应激试验；催产素应激试验阳性者，提示胎盘功能减退，胎儿缺氧。

孕40周后做超声波检查

此时每周检查1～2次，观察胎动、胎心、羊水量、胎盘分级情况，可根据胎儿生物物理评分，评价胎盘功能和胎儿的安危。

通过羊水镜观察

可通过羊水镜观察羊水情况，根据某些生化检查，如雌三醇水平来了解胎盘的功能。

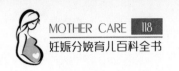
⌇ 综合考虑分娩方式

根据胎儿的情况、胎盘功能、子宫口的成熟度以及自然分娩能否顺利等情况综合考虑分娩方式，以争取胎儿最好的妊娠结局。

谨防胎盘早剥

正常情况下，胎盘从子宫壁剥离的时间应该在胎儿娩出后，如果在怀孕20周以后，胎儿娩出之前胎盘发生部分或全部剥离，就称为胎盘早剥。

⌇ 胎盘早剥的诱发原因

准妈妈患有使血管发生病变的疾病，如重症的妊娠期高血压疾病，糖尿病合并血管病变，慢性高血压、慢性肾炎合并妊娠等。这些病变都可以使胎盘血管发生痉挛、变细、变脆，发生胎盘小动脉破裂出血，造成胎盘血肿，继而发展为胎盘剥离。

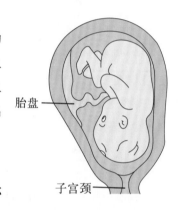

胎盘

子宫颈

准妈妈如果遭受外伤，就有可能导致胎盘早剥。

如果脐带过短或脐带绕颈，在分娩的过程中偶尔也可能造成胎盘早剥。

孕晚期长时间仰卧会使子宫的血管压力升高，发生血管破裂后，可造成胎盘早剥。

⌇ 胎盘早剥的主要表现

胎盘早剥造成的出血，流出到阴道外的常常是小部分，甚至没有阴道外出血，剥离面的出血大部分流到子宫里或渗到子宫的肌肉里。这样就很容易造成对出血量估计不足，从而延误病情。

轻型胎盘早剥的剥离面不大，有可能完全没有症状，只在产后检查时发现胎盘有早剥面。

重型胎盘早剥的剥离面超过胎盘面积的1／3，且以隐性出血为主。患者主要表现为起病急骤，腹部剧痛，子宫如板状硬，胎心消失，病人可出现休克，尤其是大量血液渗入子宫壁所造成的子宫不收缩及弥漫性微血管病变，均可引起产后大出血和血液不凝固，甚至导致死亡。

～ 胎盘早剥的预防措施

胎盘早剥重在预防。应积极治疗孕期并发症，防止外伤和剧烈运动，孕期性生活要轻柔，孕晚期应避免性生活。一有可疑症状要及时看医生，及早发现胎盘早剥的情况，发现得越早，治疗的效果就越好。

光照胎教

孕晚期，胎儿各器官发育逐渐成熟，对外界各种刺激的反应更加积极活跃，胎儿的视网膜具有感光功能，可进行光照胎教。光照胎教的方法是：用普通的手电筒对准准妈妈腹部，照射胎儿头部，照射的时间不宜过长，每次5分钟左右。胎头会转向光照方向，而后眨眨眼睛，同时胎心率会发生改变。

定时定量的光照刺激，能够促使胎儿视网膜光感细胞中的感光物质发生光化学反应，可把光能转化为电能，产生神经冲动传入大脑皮质，在大脑皮质产生复杂的生理变化，使宝宝的视觉水平提高。

胎教和早教的衔接

十月怀胎，一朝分娩，一个健康可爱的宝宝就要出生了。他虽然不会说话，不会走路，也没有复杂的思维，但他已是"胎儿大学"的毕业生了，他非常渴望进一步"深造"。

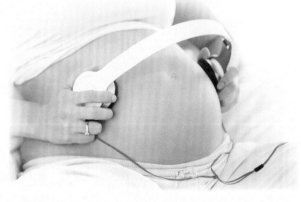

宝宝出生后，爸爸妈妈不仅要照顾他的吃、穿、拉、睡，还要满足他的求知欲望。出生后的前6个月，是宝宝脑细胞发育的高峰期，一定要抓住时机，创造条件进行早期智力开发。

"胎儿大学"毕业的学员，在出生后还要继续对其进行六感教育，即听、看、抚摸、闻气味、尝味道及平衡能力的训练。

分娩时刻

分娩前的思想准备

分娩临近，准妈妈及家属应及早做好分娩的思想准备，愉快地迎接宝宝的诞生。丈夫应该给准妈妈充分的关怀和爱护，周围的亲戚、朋友及医务人员也必须给予新妈妈支持和帮助。实践证明，思想准备越充分的新妈妈，难产的发生率越低。

分娩前的身体准备

预产前两周随时有发生分娩的可能。分娩前两周，准妈妈每天都会感到几次不规则的子宫收缩，经过卧床休息，宫缩就会很快消失。这段时间，准妈妈需要保持正常的生活和睡眠。吃些营养丰富、容易消化的食物，如牛奶、鸡蛋等，为分娩准备充足的体力。

1 睡眠休息
分娩时体力消耗较大，因此分娩前必须保证充足的睡眠时间，午睡对分娩也比较有利。

2 生活安排
接近预产期的准妈妈应尽量不外出和旅行，但也不要整天卧床休息，做一些力所能及的轻微运动还是有好处的。

3 性生活
临产前应绝对禁止性生活，免得引起胎膜早破和产时感染。

4 洗澡
准妈妈必须注意身体的清洁，由于产后不能马上洗澡，因此，住院之前应洗澡，以保持身体的清洁。若到公共浴室洗澡，必须有人陪伴，以防止湿热的蒸汽引起准妈妈的昏厥。

5 家属照顾
妻子临产期间，丈夫尽量不要外出，夜间要在妻子身边陪护。

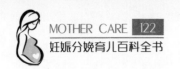
分娩前的物质准备

怀孕第10个月时，分娩时所需要的物品都要陆续准备好，要把这些东西归纳在一起，放在家属都知道的地方。这些东西包括：

1 新妈妈的证件
医疗证（包括准妈妈联系卡）、挂号证、劳保或公费医疗证、孕新妈妈围产期保健卡等。

2 婴儿的用品
内衣、外套、包布、尿布、小毛巾、围嘴、垫被、小被头、婴儿香皂、肛表、扑粉等均应准备齐全。

3 新妈妈入院时的用品
包括面盆、脚盆、暖瓶、牙膏、牙刷、大小毛巾、卫生巾、卫生纸、内衣、内裤等。

4 食物
分娩时需吃的点心、巧克力、饮料也应准备好。

分娩前准妈妈的准备

要将坐月子所穿用的内衣、外衣准备好，洗净后放置在一起。内衣要选择纯棉制品，因纯棉制品在吸汗方面较化纤制品优越，穿着比较舒服。上衣要选择易解、易脱的样式，这样就比较适宜产期哺乳和室内活动的特点。衬衣要选择能够保护身体、方便哺乳的样式。

裤子可选购比较厚实的针织棉纺制品。如运动裤，既保暖，又比较宽大，穿着舒适，同时还很容易穿脱。坐月子洗澡不便，多准备几套内衣，以便换洗。准备专用的洗脸毛巾、洗澡毛巾和10包左右的卫生垫（纸）。

宝宝的衣服保暖性要好，对皮肤没有刺激，质地要柔软，吸水性强，颜色要浅淡，最好选择纯棉制品。宝宝的衣服要适当宽大，便于穿脱，衣服上不宜钉纽扣，以免损伤皮肤。宝宝的各种衣裤都要准备2～3套，便于更换。

临产前要保证会阴清洁，每天应洗一次澡，至少要清洗一次会阴。

分娩前准爸爸的准备

在妻子临产的前一个月，丈夫就要开始忙碌了，做好妻子产前的各项准备，迎接小宝宝的诞生。

1 清扫布置房间
在妻子产前应将房子清扫布置

好，要保证房间的采光和通风情况良好，让妻子愉快地度过产褥期，让母子生活在一个清洁、安全、舒适的环境里。

拆洗被褥和衣服在孕晚期，妻子行动已经不方便了，丈夫应主动将家中的衣物、被褥、床单、枕巾、枕头拆洗干净．并在阳光下暴晒消毒，以便备用。

2 购置食品

购置挂面或龙须面、小米、大米、红枣、面粉、红糖，这是新妈妈必需的食品。还要准备鲜鸡蛋、食用油、虾皮、黄花菜、木耳、花生米、芝麻、黑米、海带、核桃等食品。

3 购置洗涤用品

洗涤用品包括肥皂、洗衣粉、洗洁精、去污粉等。

分娩时的饮食

生产相当于一次重体力劳动，新妈妈必须有足够的能量供给，才能有良好的子宫收缩力，宫颈口开全后，才能将孩子娩出。如果新妈妈在产前不好好进食、饮水，就容易造成脱水，引起全身循环血容量不足，供给胎盘的血量也会减少，容易使胎儿在宫内缺氧。

第一产程中，由于不需要新妈妈用力，因此新妈妈可以尽可能多吃些东西，以备在第二产程时有力气分娩。所吃的食物应以富含糖类的食物为主，因为它们在体内的供能速度快，在胃中停留时间比蛋白质和脂肪短，不会在宫缩紧张时引起新妈妈的不适或恶心、呕吐。食物应稀软、清淡、易消化，如蛋糕、挂面、甜粥等。

第二产程中，多数新妈妈不愿进食，此时可适当喝点果汁或菜汤。以补充因出汗而丧失的水分。由于第二产程需要新妈妈不断用力，新妈妈应进食高能量、易消化的食物，如牛奶、糖粥、巧克力等。如果实在无法进食时，也可通过输入葡萄糖、维生素来补充能量。

分娩期的饮食要领

分娩一般要经历8~10小时，宫缩和分娩疼痛会让新妈妈体力消耗很大，如果新妈妈既不喝水，又不好好吃东西，就会导致脱水、酸中毒。因此产程中一定要关注新妈妈的饮食。

多吃富含锌和钙的食物可减少分娩时的疼痛，还可以预防分娩前发生痉挛抽筋。准妈妈应多补充维生素B_2，如果缺乏维生素B_2，会影响分娩时子宫收缩，使产程延长，分娩困难。

分娩期食物要富于营养，易消化，最好给予清淡的半流食或流食。如牛奶、面条、馄饨、鸡汤等。既要补充营养，又要注意水分的补充。

临产征兆

当准妈妈出现以下症状时，说明产期已近，分娩可能随时发生。

1 宫底下降

胎头入盆，子宫开始下降，减轻了对横膈膜的压迫，准妈妈会感到呼吸困难有所缓解，胃的压迫感消失。

2 腹坠腰酸

胎头下降使骨盆受到的压力增加，腹坠腰酸的感觉会越来越明显。

3 大、小便次数增多

胎头下降会压迫膀胱和直肠，使得小便之后仍有尿意感，大便之后也不觉舒畅痛快。

4 分泌物增多

自子宫颈口及阴道排出的分泌物增多。

5 胎动减少

若持续12小时感觉不到胎动，应马上就医，排除导致胎儿缺氧的因素。

6 体重增加停止

有时还有体重减轻的现象，这标志着胎儿已发育成熟。

7 不规律宫缩

从孕20周开始，时常会出现不规律宫缩。如果准妈妈较长时间用同一个姿势站立或坐下，就会感到腹部一阵阵变硬，这就是不规律宫缩。其特点是出现的时间无规律，程度弱。临产前，由于子宫下段受胎头下降所致的牵拉刺激，不规律宫缩会越来越频繁。

8 见红

阴道排出含有血液的黏液白带，称为见红。一般在见红几小时内应去医院检查。但有时见红后仍要等数天才开始出现有规律的子宫收缩。一般见红后24～48小时就会临产。

正式临产的条件

正式临产有以下三个条件：

1 规律宫缩

正式临产的宫缩和临产先兆的假宫缩大不一样。临产宫缩的特点是：宫缩间隔时间规律，一般开始时间隔10多分钟，逐渐增加到每10分钟有2～3次宫缩。宫缩持续时间刚开始约30秒，随着产程的进展，宫缩时间逐渐延长，最长可达1分钟。

2 宫口进行性张大，胎先露进行性下降

随着一阵阵加剧的子宫收缩，宫口不断开大，胎儿先露部分进一步下降。

3 宫缩不能制止

临产宫缩与临产先兆假宫缩不同，用镇静药物不能制止。

准妈妈临产时应克服恐惧

临产是指成熟或接近成熟的胎儿及其附属物（胎盘、羊水）由母体产道娩出的过

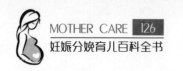
程，又称为分娩，民间称为临盆。有的准妈妈，尤其初产准妈妈对临产非常恐惧，害怕分娩痛苦和出现意外，其实这是不必要的。

十月怀胎，一朝分娩，就是指妇女受孕后怀胎10个月，即胎儿在母体内生长发育280天左右（即将近10个月），胎儿便发育成熟。当胎儿发育成熟后，子宫发生强烈收缩，此时准妈妈感到腹部阵阵疼痛，然后宫颈口扩张，胎儿及其附属物经母体阴道排出，便是分娩，即生产的全过程结束。

怀孕、分娩都是生理功能的一种自然现象，是一种平常而又正常的事，符合女性的生理特点，所以新妈妈不必惊慌、恐惧，顺其自然，又有接生医生的帮助，自会顺利分娩。

相反，如果临产时精神紧张，忧心忡忡，将会影响产力，从而导致产程延长，造成分娩困难，带来多余的麻烦和痛苦。

如何才能安全分娩

树立顺利分娩的信心

分娩临近时，很多准妈妈会担心分娩不顺利，对分娩疼痛非常恐惧，害怕孩子出现畸形。这种恐惧焦虑的心理反应会影响宫缩，可能会使本来顺利的分娩过程变成难产。因此，准妈妈和家属要常和医生沟通，满怀信心地迎接小宝宝的到来。准妈妈应掌握分娩的知识，努力和医务人员配合，以便顺利生产。

采取最合适的助产模式

整个分娩过程中，家属和有经验的助产人员的陪伴（即导乐分娩），可改善新妈妈精神状态，增强分娩信心和对子宫收缩疼的耐受力，加快产程的进展，降低剖宫产率。

采用最合理的分娩方式

随着产期的临近，分娩方式的选择成为困扰新妈妈和家属的主要问题。

阴道分娩对新妈妈来说产时出血少，危险性低，远近期得病的概率低，产后恢复快，下奶快；对孩子来说，婴儿患病率低且产道的挤压对新生儿心、肺、脑的功能都是一个极好的锻炼，有利于孩子的身心发育。阴道分娩无疑是分娩的最好途径。

对患有妊娠并发症的新妈妈及可能

难产的新妈妈来说，剖宫产是最好的分娩方式。目前，剖宫产手术已经挽救了无数孕新妈妈和婴儿的生命。无论准妈妈本人还是家属应根据具体情况选择最适合的分娩方式。

准妈妈怎样配合接生

分娩需要医生或助产人员帮忙，也需要新妈妈正确的配合。

分娩第一阶段的配合方法

在分娩的第一阶段，宫口未开全，新妈妈用力是徒劳的，过早用力反而会使宫口肿胀、发紧，不易张开。此时新妈妈应做到以下几点：

1 思想放松，精神愉快

紧张的情绪会使食欲减退，引起疲劳、乏力，直接影响子宫收缩，影响产程进展。

2 注意休息，适当活动

利用宫缩间隙休息，节省体力，切忌烦躁不安，消耗精力。如果胎膜未破，可以下床活动，适当的活动能促进宫缩，有利于胎头下降。

3 采取最佳的体位

除非是医生认为有必要，不要采取特定的体位。只要能使你感觉阵痛减轻，就是最佳的体位。

4 补充营养和水分

尽量吃些高热量的食物，如粥、牛奶、鸡蛋等，多饮汤水，以保证有足够的精力来承担分娩重任。

5 勤排小便

膨胀的膀胱有碍胎先露下降和子宫收缩。应在保证充足的水分摄入前提下，每2~4小时主动排尿1次。

分娩第二阶段的配合方法

第二产程所用的时间最短。宫口开全后，新妈妈要注意随着宫缩用力。在宫缩间隙，新妈妈要抓紧休息，放松，喝点水，准备下次用力。当胎头即将娩出时，新妈妈要密切配合接生人员，不要再用力屏气，以免造成会阴严重裂伤。

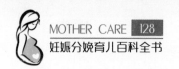
∽ 分娩第三阶段的配合方法

在第三产程，新妈妈要保持情绪平稳。分娩结束后两小时内，新妈妈应卧床休息，进食半流质饮食，补充消耗的能量。一般产后不会马上排便，如果新妈妈感觉肛门坠胀，有排大便之感，要及时告诉医生，医生要排除软产道血肿的可能。如有头晕、眼花或胸闷等症状，也要及时告诉医生，以便及早发现异常，并给予处理。

学习减轻分娩疼痛的心理疗法

1 增强分娩信心

增强分娩的信心，保持良好的情绪，可提高对疼痛的耐受性。

2 想象与暗示

想象宫缩时宫口在慢慢开放，阴道在扩张，胎儿渐渐下降，同时自我暗示："生产很顺利，很快就可以见到我的宝宝了。"

3 有助于放松的方法

有助于放松的方法有肌肉松弛训练、深呼吸、温水浴、按摩、改变体位等。

4 分散注意力

看看最喜欢的照片或图片，或读书、看电视、听音乐、交谈等。

5 呻吟与呼气

借助呻吟和呼气等方法减轻疼痛。

阴道产的优缺点

∽ 阴道产的优点

胎儿在分娩过程中受到产力和产道的挤压，发生了一系列形态变化，特别是适应机能方面的变化。胎头出现一定程度的充血、淤血，使血中二氧化碳分压上升，处于一时性缺氧状态，因此呼吸中枢兴奋性增高；胎儿胸廓受到反复的宫缩挤压，使吸入呼吸道中的羊水、胎粪等异物被排出，同时血液中的促肾上腺激素和肾上腺皮质激素以及生长激素水平提高，这对于胎儿适应外界环境是十分有益的。以上因素均有利于产后新生儿迅速建立自主呼吸。另外，阴道产母亲身体恢复得比较快，也比较好。

⌒ 阴道产的缺点

阴道产的缺点有以下几个方面：

- 产程较长。

- 产前阵痛、阴道松弛、子宫膀胱脱垂后遗症、会阴损伤或感染、外阴血肿等。

- 产后会因子宫收缩不好而出血，若产后出血无法控制，则需紧急剖宫处理，严重者需切除子宫。

- 产后感染或发生产褥热，尤其是早期破水、产程延长者。

- 会发生急产（产程不到3小时），尤其是经新妈妈及子宫颈松弛的患者。

- 胎儿难产或母体精力耗尽，需用产钳或真空吸引协助生产时，会引起胎儿头部血肿。

- 胎儿过重，易造成肩难产，导致新生儿锁骨骨折或臂神经丛损伤。

- 羊水中产生胎便，导致新生儿胎便吸入症候群。

- 胎儿在子宫内发生意外，如脐绕颈、打结或脱垂等现象。

- 毫无预警地发生羊水栓塞。

剖宫产的优缺点

⌒ 剖宫产的优点

剖宫产的优点有以下几个方面：

- 剖宫产的产程比较短，且胎儿娩出不需要经过骨盆。当胎儿宫内缺氧、属巨大儿或新妈妈骨盆狭窄时，剖宫产更能显示出它的优越性。

- 由于某种原因，绝对不可能从阴道分娩时，施行剖宫产可以挽救母婴的生命。剖宫产的手术指征明确，麻醉和手术一般都很顺利。

- 如果施行选择性剖宫产，宫缩尚未开始前就施行手术，可以让母亲免受阵痛之苦。

- 腹腔内如有其他疾病时，也可一并处理，如合并卵巢肿瘤或浆膜下子宫肌瘤等，均可同时切除。

- 做结扎手术也很方便。

- 对已有不宜保留子宫的情况，如严重感染、不全子宫破裂、多发性子宫肌瘤等，亦可同时切除子宫。

- 由于近年来剖宫产术安全性的提高，因妊娠并发病和妊娠并发症需中止妊娠时，临床医生多选择剖宫产术，避免了并发病对母儿的影响。

ᥬ 剖宫产的缺点

● 剖宫手术对母体是有创伤的。

● 手术时麻醉意外虽然极少发生，但有可能发生。

● 手术时可能发生大出血，损伤腹内其他器官，术后也可能发生泌尿、心血管、呼吸等系统的并发症。

● 术后子宫及全身的恢复都比自然分娩慢。

● 术后有可能出现发热、腹胀、伤口疼痛、腹壁切口愈合不良甚至裂开、血栓性静脉炎、产后子宫弛缓性出血等。

● 两年内再孕有子宫破裂的危险，避孕失败做人流时易发生子宫穿孔。

● 婴儿因未经产道挤压，不易适应外界环境的骤变，易发生新生儿窒息、吸入性肺炎及剖宫产儿综合征，包括呼吸困难、发绀、呕吐、肺透明膜病等。

产褥期保健

医生要观察新妈妈哪些情况

新妈妈分娩后两小时内，要留在产房内观察。医生要观察新妈妈阴道流血情况、子宫收缩情况，以及血压、心率和一般情况，鼓励新妈妈及时小便，帮助新妈妈进行母婴皮肤接触，产后30分钟内开奶。

新妈妈要在医院住多久

如果是顺产，母婴均无异常情况，一般产后24小时后就可以出院。

如果新妈妈分娩时会阴破裂或行切开术，产后4～5天拆线，伤口愈合良好即可出院。

剖宫产的新妈妈拆线时间为6～8天，拆线后即可出院。如果有其他异常情况，就需要根据病情来决定。

产褥期注意事项

产后10日内，应每天观察新妈妈的体温、脉搏、呼吸和血压。产后24小时内，卧

床休息，及早下地。保证充分的睡眠时间。不要做重体力劳动，以免发生子宫脱垂。产后第一天可吃一些清淡、易消化的食物，第二天以后可多吃高蛋白和汤汁食物，适当补充维生素和铁剂。

产后尿量增多，应及时排小便，以免胀大的膀胱妨碍子宫收缩。产后2日内应排大便。如有便秘，可用开塞露、肥皂水灌肠等进行处理。每日可用温开水或消毒液冲洗阴部2～3次，保持会阴部清洁干燥。一般在产后4～5日拆除会阴缝线。

宫底高度逐日复原，产后10日应在腹部摸不到子宫。剖宫产新妈妈复原较慢，应适当用宫缩剂，恶露有臭味应进行抗感染治疗。

产褥期的饮食要点

● 顺产后1小时，新妈妈可开始进食流食或半流食，如小米粥、面片汤等，以后可以吃普通饮食，但应保证足够的营养和水分。

● 新妈妈饮食要富含蛋白质，以利于身体的修复，鱼、肉、蛋、奶等每天以400克为宜。患肾脏疾病的新妈妈不宜采用高蛋白饮食。

● 主食应粗细粮搭配，每天不超过450克。多吃蔬菜，每日400～500克。适当吃水果，每天100～200克。多喝汤，汤中少加盐。撇去汤上面的浮油，奶胀时要少喝汤。

● 不宜吃酸辣等刺激性食物，少吃甜食。

● 少食多餐，三餐、三点或两点，即早、中、晚正餐和正餐之间的加餐。少食多餐可防止每次进食太多，有助于防止产后肥胖。

新妈妈产后乳房的变化

受大脑分泌的催乳激素的影响，妊娠晚期准妈妈就开始分泌初乳，产后1～2天逐渐增多，乳汁的分泌量随婴儿的需要逐渐增多，最高每天可达1000～3000毫升，产后6个月逐渐减少。

新妈妈在产后24小时左右开始感觉乳房发胀，变硬，最初几天的初乳颜色发黄，含有免疫性物质和胡萝卜素，非常有营养，易于吸收，并且可以增加新生儿的抵抗力。1周后颜色变白，变为成熟乳。宝宝对乳头的吮吸可促进母亲分泌乳汁，还可促进子宫收缩复旧。

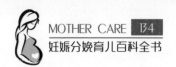
新妈妈产后为什么出汗多、排尿多

新妈妈分娩后总是比正常人出汗多，以夜间睡眠时和初醒时更加明显，一般产后头三天比较明显，大多在产后1周内好转。这是正常的生理现象，因为妊娠期体内聚集很多水分，新妈妈皮肤的排泄功能变得比较旺盛，会将妊娠期间聚集在体内的水分通过皮肤排泄出体外，所以产后出汗多不是病态，不必担心，但要加强护理。

首先，室内温度不宜过高，要适当开窗通风，保持室内空气流通、新鲜。

其次，新妈妈穿着要合适，不要穿戴过多，盖的被子不宜过厚。出汗多时用毛巾随时擦干。每晚应洗淋浴或用温水擦洗身体，不要受凉。新妈妈的内衣裤要及时更换。

有人认为，新妈妈产后怕见风，要捂着，即使在炎热的夏天，也要门窗紧闭，穿厚衣、戴厚帽，实际上是没有科学根据的，容易使新妈妈产后中暑、虚脱，给易出汗的新妈妈"火上浇油"，应该避免这些不良习惯。产后经皮肤和泌尿系统排泄，出汗就多。排尿增多，尿中可出现微量蛋白，偶尔可出现尿糖。此外，新妈妈的甲状腺功能比正常人亢进，产后脂肪、糖、蛋白质代谢旺盛，因此多汗。许多新妈妈进食较多的高能量食物，又多喝汤水，这也是产后多汗的原因之一。

科学坐月子

新妈妈的生活环境要清洁、舒适、方便，温度以22～24℃为宜，相对湿度以50%～60%为宜。

房间要有充足的阳光，但不要直接照在母婴的身上。室内禁止吸烟，经常开窗换空气。换气时母婴可以到别的房间，不要直接吹风。产褥期应尽量减少亲友探视。

冬天空调温度不应超过25℃，夏天不应低于25℃，否则就会感到过热或过冷。

新妈妈衣着要合适，乳罩不宜过紧，适当使用腹带，一定要穿袜子，以免受凉。

新妈妈要讲究卫生，勤换衣服，注意保持会阴部的清洁和干燥。

没有伤口的新妈妈第三天可以淋浴，但不能坐浴，以免脏水灌进阴道造成感染。

洗澡水温以34~36℃为宜，过高或过低对新妈妈均不利。每次洗澡时间不宜过长，以5~10分钟为宜。新妈妈可以把洗头和洗澡分开，以节省每次洗澡的时间，防止受凉。

新妈妈产后可以饮红糖水（糖尿病、高血压新妈妈除外）、益母草冲剂和生化汤等，有利于将恶露排除干净。

尽早活动，做产后保健操。阴道分娩的新妈妈产后6~12小时就可以下地活动，第二天就可以在室内走动，做产后保健操，产后两周可以做膝胸卧位，以防止子宫后倾。

有会阴部或腹部伤口的新妈妈可适当推迟下地和做产后体操的时间。及早活动有利于产后体力和身体的恢复，还可以增加食欲，有助于消化。

产后要及时下地活动

受传统观念影响，很多妇女认为产褥期必须静养，过早下床活动会伤身体，其实产后进行适当活动，身体才能较快恢复。只要新妈妈身体许可，产后当天应下地活动。

如觉体力较差，下床前先在床上坐一会儿。若不觉得头晕、眼花，可由护士或家属协助下床活动，以后可逐渐增加活动量，在走廊、卧室中慢慢行走，循序渐进地做几节产后保健操，活动活动身体，这样有利于加速血液循环、组织代谢和体力恢复。

及早下床活动可使新妈妈体力和精神得到较快恢复，并且随着活动量的加大，可增进食欲，有助于乳汁分泌，促进肠道蠕动，使大小便通畅，可防止便秘、尿潴留和肠粘连的发生，这对剖宫产的新妈妈是很重要的。及早下地活动还可促进心脏搏动，加快血液循环，有利于子宫复旧和恶露的排出。

活动不及时容易导致恶露排出不畅，子宫复旧不良，长时间卧床还会造成新妈妈下肢静脉血栓。产后血流缓

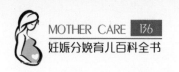

慢，容易形成血栓。及早下地活动可以促进血液循环与组织代谢，防止血栓形成，这对有心脏病及经剖宫产的新妈妈尤为重要。

肌肉的功能用进废退，新妈妈及早进行活动，可加强腹壁肌肉收缩力，使分娩后腹壁松弛的情况得到及时改善，有助于新妈妈早日恢复苗条的身材，防止发生生育性肥胖。

新妈妈应重视产后第一次大小便

由于生理原因，产后第一次排尿不像常人那样容易，有的新妈妈不习惯在床上排尿，易造成精神紧张，解不出小便。新妈妈要重视产后第一次解小便，避免引起小便不畅或尿潴留。最好的方法是产后4小时内主动排尿，不要等到有尿意时才排。排尿时尽量放松，无特殊情况可起床或如厕排尿。有的人只要用手按一按腹部下方或用温水袋敷小腹就会有尿意。大多数新妈妈经过这样的辅助措施就可顺利进行第一次排尿，以后会更顺利。

分娩后第一次大便也很重要。新妈妈应多喝水，多喝稀饭和带汤水的面条，不要吃易导致上火的食物，以防便秘。特别对于做过会阴侧切的新妈妈，本来就使不上劲，再加上便秘，结果十分痛苦，甚至影响伤口愈合。

产后休养环境

传统观念认为，无论是寒冷的冬季，还是炎热的夏季，新妈妈的居室都应窗户紧闭，避免新妈妈"受风"，留下"月子病"，其实这种说法是不正确的。不开窗通风，空气污浊，有利于病原体的生长繁殖，容易使新妈妈和新生儿患呼吸道感染。夏季室内气温过高，容易使新妈妈和新生儿中暑。因此，居室环境通风很重要。

新妈妈需要一个安静的休养环境，房间不一定大，但要安静、舒适、整洁、阳光充足、空气新鲜，要避免对流风。每天至少开窗通风1小时，新鲜的空气有助于消除疲劳，恢复健康，给母婴提供足够的氧气，但要避开风口。室温一般应保持在

20~25℃，湿度为60%~65%。

在干燥的冬季，为保持室内的湿度，可在暖气或炉火上放个水盆，让水气蒸发出来。

在炎热的夏季，可根据需要适当打开空调，但应注意出风口不要正对新妈妈和新生儿，以免冷气直接吹拂新妈妈和新生儿。其次，空调的温度不要太低，一般以28℃左右为宜，而且应间断使用，早晚定时开窗换气。

新妈妈不宜睡席梦思床

席梦思床虽然很舒服，但并不适合新妈妈。有报道，一些新妈妈因睡太软的席梦思床而引起耻骨联合分离，骶髂关节错位，造成骨盆损伤。为什么会这样呢？

这是因为在妊娠期和分娩时，人体会分泌一种激素，使生殖道的韧带和关节松弛，有利于产道的充分扩张，从而有助于胎儿娩出。分娩后，骨盆尚未恢复，缺乏稳固性，如果新妈妈这时睡太软的席梦思床，左右活动都有阻力，不利于新妈妈翻身坐起，若想起身或翻身，必须格外用力，很容易造成骨盆损伤。

建议新妈妈产后最好睡硬板床，如没有硬板床，则选用较硬的弹簧床。

新妈妈不宜吸烟喝酒

吸烟不仅对常人不利，对新妈妈和新生儿更不好。母亲吸烟会使乳汁分泌减少。对婴儿来说，烟草中的尼古丁、一氧化碳、二氧化碳、焦油、吡啶等会随乳汁进入婴儿体内，影响婴儿的生长发育。被动吸烟容易使婴儿呼吸道黏膜受伤，引起呼吸道感染，抵抗力下降。

新妈妈饮酒后，酒精会通过乳汁进入婴儿体内，影响婴儿的生长发育，特别是大量饮酒后，可引起婴儿酒精中毒，出现嗜睡、反应迟钝、出汗、呼吸加深等现象。婴儿肝脏解毒的功能尚不健全，受损害的程度更大。

另外，啤酒中的大麦芽成分还有回奶的作用，可使母亲乳汁减少。

温馨提示

哺乳期间，新妈妈千万不要吸烟喝酒，注意休息。

剖宫产产后自我护理

剖宫产是在新妈妈小腹部做一条长8~10厘米的切口，打开腹腔，切开子宫，取出胎儿，然后层层缝合。产科医生一般经慎重考虑后才会施行此项手术。剖宫产常见的并发症有发热、子宫出血、尿潴留、肠粘连，远期后遗症有慢性输卵管炎、宫外孕、子宫内膜异位症等。预防并发症一方面靠医生，另一方

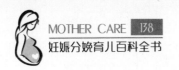
面需要病人的配合。所以术后加强自我保健与护理,对于顺利康复是很重要的。

1 采取正确体位

新妈妈应采取正确体位,去枕平卧6小时,后采取侧卧或半卧位,使身体和床呈20°~30°角。

2 坚持补液

防止血液浓缩,血栓形成。所输液体有葡萄糖、抗生素等,可防止感染、发热,促进伤口愈合。

3 合理安排新妈妈产后的饮食

术后经过6个小时,顺利排气后可以进食炖蛋、蛋花汤、藕粉等流质食物。术后第二天可吃粥、鲫鱼汤等半流质食物。应注意补充富含蛋白质的食物,以利于切口愈合。

剖宫产新妈妈还可选食一些有辅助治疗功效的药膳,以改善症状,促进机体恢复,增加乳汁分泌。

4 新妈妈应及早下床活动

麻醉消失后,可做些上下肢收放动作,术后24小时应练习翻身、坐起,并慢慢下床活动。这样可促进血液流动,防止血栓形成,促进肠蠕动,防止肠粘连。

5 要注意阴道出血

如超过月经量,要通知医生,及时采取止血措施。剖宫产新妈妈出院回家后如恶露明显增多,如月经样,应及时就医。最好直接去原分娩医院诊治,因其对新妈妈情况较了解,处理方便。

剖宫产后100天,若无阴道流血,可恢复性生活,但应及时采取避孕措施。因为一旦受孕做人工流产时,特别危险,容易造成子宫穿孔。

6 防止腹部伤口裂开

咳嗽、恶心、呕吐时应压住伤口两侧,防止缝线断裂。

7 及时排尿

手术留置的导尿管在手术后第二天补液结束后即可拔除,拔除后3~4小时应及时排尿。

8 注意体温

停用抗生素后可能会出现低热,这常是生殖道炎症的早期表现。若体温超过37.4℃,则应留院观察处置。无低热出院者,回家1周内,最好每天下午测体温一次,以便及早发现低热,及时处理。

产后恢复月经周期的时间

由于产后内分泌的变化，大多数妇女卵巢不能立即恢复功能，因此在产后会有一个闭经阶段。

有人认为，妇女在产后哺乳期不排卵，也不来月经，这种说法并不正确。妇女产后不排卵的时间平均只有70天，约有40％的妇女产后第一次排卵发生在月经恢复以前。

因此，尽管没有恢复月经，有的人已经恢复排卵，要注意避孕。

产后恢复月经的时间因人而异，一般在产后6个月左右恢复，哺乳对部分人有推迟月经恢复的作用。

据统计，在完全哺乳的妇女中，约有1/3的人在产后3个月恢复月经，最早可在产后8周恢复，但也有产后1年到1年半才恢复月经的，有的妇女甚至在整个哺乳期都不来月经。在产后不哺乳的妇女中，约有91％在产后3个月内恢复月经，个别人在产后4~6周时就来月经，在产后30~40天恢复排卵。

产后开始性生活的时间

产褥期是新妈妈身体各个器官，尤其是生殖器官恢复到妊娠以前状态的时期。

在正常情况下，一般到产后6周，子宫才能恢复到接近妊娠以前的大小，而子宫

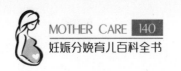
腔内胎盘附着部位的子宫内膜需要4~6周才能恢复。

如果恶露尚未干净，就表明子宫还没有复原，假如这时开始性生活，就会把男性生殖器和新妈妈会阴部的细菌带入阴道，引起子宫或子宫附近组织的炎症。有时还可能引起腹膜炎或败血症，严重地影响新妈妈的身体健康，甚至危及生命。

如果新妈妈的会阴或阴道有裂伤，过早开始性生活，还会引起剧烈的疼痛或伤口感染，影响伤口的愈合。同时，性生活的机械刺激会使未完全恢复的盆腔脏器充血，降低对疾病的抵抗力，引起严重的产褥感染，阴道也很容易受伤，甚至引起致命的产后大出血。

产后开始锻炼的时间

曾经有学者建议学习欧美国家的习惯，废除坐月子，产后尽早运动，尽早恢复正常饮食，但从我国的传统习惯来看，仍需要有近一个月的休养时间，并提倡用科学合理的方法调整产后生活。产后的运动应是适当、循序渐进和动静交替的。

产后适当活动，进行体育锻炼，有利于促进子宫收缩及恢复，帮助腹部肌肉、盆底肌肉恢复张力，保持健康的形体，有利于身心健康。

产后12~24小时新妈妈就可以坐起，还可下地做简单活动。生产24小时后就可以锻炼。根据自己的身体条件可做些俯卧运动、仰卧屈腿、仰卧起坐、仰卧抬腿、肛门及会阴部与臀部肌肉的收缩运动。

上述运动简单易行，可以根据自己的能力决定运动时间和次数。注意不要过度劳累，开始做15分钟为宜，每天1~2次。

温馨提示

在进行产后锻炼时，如果恶露增多或疼痛明显，一定要暂停运动，等身体恢复正常后再开始。

产后保健操

健康的新妈妈在产后6~8小时即可坐起用餐，24小时便可下床活动。发生感染或难产的新妈妈可推迟2~3天以后再下床活动。下床后开始做产后保健操。

1 呼吸运动

仰卧位，两臂伸直，放在体侧，深吸气，使腹壁下陷，内脏牵引向上，然后呼气。目的是运动腹部，活动内脏。

2 举腿运动

仰卧位，两臂伸直，平放于体侧，左右腿轮流举高，与身体成一直角。目的是加强腹直肌和大腿肌肉的力量。

3 挺腹运动

仰卧位，双膝屈起，双足平放在床上，抬高臀部，使身体重量由肩及双足支持。目的是加强腰臀部肌肉的力量。

4 缩肛运动

仰卧位，两膝分开，再用力向内合拢，同时收缩肛门，然后双膝分开，同时放松肛门。目的是锻炼盆底肌肉。

产后抑郁症的预防

产后抑郁症不仅会影响新妈妈和婴儿健康，还会影响婚姻、家庭和社会。因此，对产后抑郁症应给予充分重视，应从多方面积极预防。

应运用医学心理学、社会学知识，采取不同的干预措施，减轻新妈妈心理负担和躯体症状。对具有抑郁倾向的妇女实施孕期干预，降低产后抑郁症发病率。

加强围产期保健。在产前检查中，要向准妈妈提供与分娩相关的知识，帮助准妈妈了解分娩过程，教给准妈妈分娩过程中的放松方法，以减轻新妈妈的紧张恐惧心理。

积极处理孕期异常情况，消除不良的精神与躯体刺激。进行孕新妈妈心理卫生保健，了解准妈妈个性特点和既往病史，及时消除孕新妈妈的不良心理因素。对于存在不良个性的准妈妈，应给予心理指导，避免精神刺激。

对既往有精神异常病史或抑郁症家族史的准妈妈，应定期请心理卫生专业人员进行心理辅导，并让其充分休息，避免疲劳过度和长时间的心理负担。

对高龄初新妈妈及纯母乳喂养的新妈妈，应当给予更多的关注，指导和帮助她们处理、减轻生活中受到的应激压力。

对于有焦虑症状、手术产的新妈妈，存在抑郁症高危因素的新妈妈，应给予足够的重视，提供更多的帮助，使其正确认识社会，正确处理生活难题，树立信心，从而改善不良心理状态，提高其心理素质。

发挥社会支持系统的作用，尤其是要对丈夫进行教育和指导，改善夫妻关系和婆媳关系，改善家庭生活环境。

妇女在怀孕、分娩期间的部分压力来源于医护人员的态度。因此，医护人员在与新妈妈接触过程中，应格外注意自己的言行，用友善、亲切、温和的语言表达出更多的关心，使新妈妈具有良好的精神状态，顺利度过分娩期和产褥期，降低抑郁症的发生率。

新妈妈应慎用西药

新妈妈在分娩后生病用药应十分慎重。大多数药物可通过血液循环进入乳汁，或使乳汁量减少，或使婴儿中毒，影响乳儿健康，如损害新生儿的肝功能、抑制骨髓功能、抑制呼吸、引起皮疹等。

对乳儿影响较大的药物有以下几种：

● 乳母服用氯霉素后，可使婴儿腹泻、呕吐、呼吸功能不良、循环衰竭及皮肤发灰，还会影响乳儿造血功能。

● 四环素可使乳儿牙齿发黄。

● 链霉素、卡那霉素可引起婴儿听力障碍。

● 乳母服用磺胺药可产生新生儿黄疸。

● 巴比妥长时间使用，可引起婴儿高铁血红蛋白症。

● 氯丙嗪能引起婴儿黄疸。

● 乳母使用灭滴灵（平硝唑），则可能使婴儿出血、厌食、呕吐。

- 麦角生物碱会使婴儿恶心、呕吐、腹泻、虚弱。

- 利血平（利舍平）使婴儿鼻塞、昏睡。

- 避孕药使女婴阴道上皮细胞增生。

对新生儿、婴儿影响较大的药物主要有以下几类：

- 抗生素：如氯霉素、四环素、卡那霉素等。

- 镇静、催眠药：如阿米托、氯丙嗪等。

- 镇痛药：如吗啡、可待因、美沙酮等。

- 抗甲状腺药：如碘剂、他巴唑（甲巯咪唑）等。

- 抗肿瘤药：如5-氟尿嘧啶等。

- 其他：如磺胺药、异烟肼、阿司匹林、麦角、水杨酸钠、泻药、利血平等。

新妈妈不宜滥用中药

新妈妈产后服用某些中药，可以达到补正祛瘀的作用，如产后保健汤，包括以下草药：当归、川芎、桃仁、红花、益母草、炙甘草、连翘、败酱草、枳壳、厚朴、生地、玄参、麦冬等，可以滋阴养血、活血化瘀、清热解毒、理气通下，可以改善微循环，增强体质，促进子宫收缩，促进肠胃功能恢复及预防

产褥感染。但是，如果新妈妈一切正常，最好不要用中药，需吃药时，应在医生指导下进行。

产后用药的一个关键问题是要注意不影响乳汁的分泌，以免影响哺乳，对婴儿不利。产后一定要忌用中药大黄，大黄不仅会引起盆腔充血、阴道出血增加，还会进入乳汁中，使乳汁变黄。炒麦芽、逍遥散、薄荷有回奶作用，所以乳母忌用。

哺乳期保健

初乳对孩子很重要

　　新妈妈在产后最初几天分泌的乳汁叫初乳，呈淡黄色。初乳的量很少，但与成熟乳汁相比，初乳中富含抗体、蛋白质、胡萝卜素，以及宝宝所需要的各种酶类、糖类等，这些都是其他任何食品都无法提供的。

　　新生儿可以从初乳中得到母体的免疫物质，其中的免疫球蛋白A，宝宝吃后可以黏附在胃肠道的黏膜上，抵抗和杀死各种细菌，从而防止宝宝发生消化道、呼吸道的感染性疾病。此外，初乳中的巨噬细胞、T淋巴细胞和B淋巴细胞可吞噬有害细菌，具有杀菌和免疫作用。

　　初乳还有促进脂类排泄作用，可以减少黄疸的发生。妈妈一定要珍惜自己的初乳，一旦错过，对孩子将是巨大的损失。

　　早产儿妈妈的初乳中各种营养物质和氨基酸含量更多，能充分满足早产宝宝的营养需求，而且有利于早产宝宝的消化吸收，还能提高早产宝宝的免疫能力，对抗感染有很大作用，所以一定要喂给孩子吃。

提倡母婴同室与按需哺乳

　　所谓母婴同室，就是让母亲和孩子一天24小时都待在一起，这是建立母婴关系、母子感情的良好开端。除非新生儿因为早产、抢救等一些因素，原则上应该满足母婴同室的要求。

　　分娩后，应让孩子一直睡在母亲的身旁，或睡在母亲身边的小床上，孩子和母亲最好始终不要分离，因为母婴同室可以使母亲放松身心，才有可能分泌出大量的母乳来喂哺婴儿。婴儿越早吮吸，母亲分泌的乳汁就越多，而母婴同室恰恰促进了这种良性循环的喂哺方式。

　　另外，母乳喂养还能够促进子宫收缩，减少产后出血，减少妇科疾病的发生，如乳腺癌、卵巢癌等。

　　所谓按需哺乳，就是孩子饿了，就开始哺乳，不要硬性规定时间。母亲感觉乳房胀满或孩子睡眠时间超过3小时，就要把孩子叫醒予以喂奶。

为什么要这样做呢？因为产后一周是逐步完善泌乳的关键时刻。泌乳要靠频繁吮吸来维持，乳汁越吸才能越多。

此外，对新生儿来说，在最初一周内要适应与在子宫内完全不同的宫外生活，非常需要一种安慰，而吮吸乳头则是他们所渴求的最好安慰。

正因为婴儿的不断吮吸，才会使母亲泌乳功能不断完善，而乳汁大量分泌，既满足了孩子生理上的需要，又满足了心理上的需要。

让婴儿睡在母亲身旁，当母亲看到孩子各种可爱的表情，听到孩子的哭声时，便能促使泌乳反射的产生。

正确的哺乳方法

乳汁分泌的多少与喂哺的技巧有着一定关系。正确的哺乳方法可减轻母亲的疲劳，防止乳头的疼痛或损伤。无论是躺着喂、坐着喂，母亲全身肌肉都要放松，体位要舒适，这样才有利于乳汁排出，同时眼睛注视着孩子，抱起婴儿，孩子的胸腹部要紧贴母亲的胸腹部，下颏紧贴母亲的乳房。

母亲将拇指和四指分别放在乳房的上、下方，托起整个乳房（成锥形）。先将乳头触及婴儿的口唇，在婴儿口张大，舌向外伸展的一瞬间，将婴儿进一步贴近母亲的乳房，使其能把乳头及乳晕的大部分吸入口内，这样婴儿在吮吸时既能充分挤压乳晕下的乳窦（乳窦是贮存乳汁的地方），使乳汁排出，又能有效地刺激乳头上的感觉神经末梢，促进泌乳和喷乳反射。只有正确的吮吸动作才能促使乳汁分泌更多。

如果婴儿含接乳头姿势不正确，比如单单含住乳头，就无法将乳汁吸出，婴儿吸不到乳汁，就拼命挤压乳头，会造成乳头破裂、出血，喂奶时母亲会感到疼痛，从而减少哺乳次数，缩短哺乳时间，乳汁分泌就会减少。

哺乳时间与次数不必严格限定，奶胀了就喂，婴儿饿了就喂，吃饱为止，坚持

夜间哺乳。如果乳汁过多，婴儿不能吸空，就应将余乳挤出，以促进乳房充分分泌乳汁。要树立母乳喂养的信心，不要轻易添加奶粉，那样容易使母乳越来越少。如果乳汁确实不足，就应补充配方奶粉，但仍要坚持每天母乳哺乳3次以上。

正确的挤奶方法

挤奶的目的是为了减轻乳房胀痛，及时排空乳汁，从而使乳房能够分泌足够的乳汁。在母亲或婴儿生病、母亲外出或工作时，正确的挤奶可以保证母亲乳汁的持续分泌。使用吸奶器吸奶应先挤压一下吸奶器后半部的橡皮球，使吸奶器呈负压，将吸奶器的广口罩在乳头周围的皮肤上，然后放松橡皮球，乳汁就会慢慢地流入吸奶器容器内。如果喂养低体重儿及早产儿，每天应挤奶8次以上。

母亲在每次哺乳后应挤净乳房内的余奶。手工挤奶的方法为：挤奶前洗净双手，用毛巾清洁乳房，将乳头和乳晕擦洗干净。准备清洁消毒的盛奶器具，母亲身体略向前倾，用手托起乳房。大拇指放在离乳头二横指（约3厘米）处挤压乳晕，其他手指在对侧向内挤压，手指固定，不要在皮肤上移动，重复挤压，一张一弛，并沿着乳头（从各个方向）依次挤净所有的乳窦，以排空乳房内的余奶，在产后最初几天起就要做此项工作。

实践证明，及时排空多余的乳汁能促进乳汁分泌。因为每次哺乳后将乳房排空能使乳腺导管始终保持通畅，乳汁的分泌排出就不会受阻。乳汁排空后乳房内张力降低，乳房局部血液供应好，也避免了乳腺导管内过高的压力对乳腺细胞和肌细胞的损伤，从而更有利于泌乳和喷乳。

乳房是个非常精细的供需器官，婴儿吮吸次数越多，即需要多，乳汁分泌也就越多，排空乳房的动作类似于婴儿的吮吸刺激，可促使乳汁的分泌。有些婴儿可能在出生的最初几天吮吸无力或吮吸次数不足，因此，在吮吸后排空乳房就显得非常有必要。这额外的刺激能通过泌乳反射促使下次乳汁分泌增多，这样才能满足婴儿日益增长的需要。

另外，每次哺乳后仍能挤出多量的乳汁也是对母亲的一种最好的精神安慰，可以表明自己的奶量是绰绰有余的，不必再因担心乳汁不足，而去添加牛奶等辅助食品，从而专心致志地进行纯母乳喂养。这样就可以形成一个良性循环。

母亲要有充分的信心，相信自己有足够的乳汁来喂养婴儿，直至婴儿出生后的4~6个月。

哺乳期感冒能否喂奶

感冒是常见病，产褥期妇女易出汗，抵抗力降低，很容易患感冒。许多新妈妈不敢吃药，怕影响乳汁的成分而对孩子不利，又怕把感冒传给孩子，该怎么办呢？

如果感冒了，但不出现高热，就应多喝水，多吃清淡、易消化的食物，服用感冒中剂或板蓝根冲剂，最好有人帮助照看孩子，自己能多点休息时间，仍可哺乳孩子，由于接触孩子太近，可在戴口罩的情况下喂奶，以防病毒、细菌通过呼吸道传染给宝宝，尽量不要用手去接触孩子的手、鼻子和嘴巴。

刚出生不久的孩子带有一定的免疫力，不用担心会将感冒传给孩子而不敢喂奶。

如果感冒后伴有高热，新妈妈不能很好地进食，十分不适，应到医院看病，医生常常会给予输液，必要时给予对乳汁影响不大的抗生素，同时仍可服用板蓝根、感冒冲剂等药物。此时，应暂时停止喂奶，待体温恢复正常后再喂。乳母在停止哺乳期间，应及时把乳汁挤掉，以防乳汁结块而影响乳汁分泌。

婴儿吐奶

出生15天后，男孩子经常吐奶，开始的时候，认为是吃多了，吃完奶20分钟左右，"呼"地吐出来。吃奶后马上吐出来时，吐出来的呈牛奶状；吃奶20分钟之后吐出来时，吐出来的就是呈豆腐脑状的东西了。吃的奶变成了豆腐脑样物，是因胃酸的作用，奶在胃里停留时间过长所致。

如果一边吃奶一边从嘴角流出来，可不必担心。如果很多奶像喷水一样"呼"地涌出来，就应该想到可能是不正常了。如果认为是喂奶的方法不对，使婴儿吃进了空气，就应在喝奶之后，把婴儿立起来、拍背，让婴儿打嗝。尽管如此，婴儿还是吐奶，开始是每天1～2次，吐奶次数逐渐增多，有的孩子甚至每次吃奶都吐。可是，如果仔细观察，就会发现，经过一定时间，吐出的奶虽然变成了豆腐脑样，但绝对没有奶以外的东西（例如黄色的胆汁、血液、带有便味的东西）。婴儿不论吐奶前后，都没有痛苦及情绪不佳，不过总是吐奶，而且不论怎样注意都吐。

如果去医院就诊，就会被说成是"幽门痉挛"。由于写的是一些看不懂的字和没有听说过的病，母亲就慌张了，就会打听是什么病，多数会回答说是胃的出口痉挛，严重的话，必须手术。

母亲急着回家和父亲商量，看起来这样健康，却得了可怕的病，就会叹息命运的悲惨。可是不用担心，健康的男婴都会吐奶。不要被幽门痉挛这个名词吓住。每个人吐的时候，幽门如果不痉挛性地收缩都是吐不出来的。幽门痉挛这一词语，只是把吐奶这件事说得比较难懂而已。

健康的孩子胃肠蠕动活跃，所以也易吐奶，无论想什么办法，吐奶都不容易止住。1～2个月是吐奶最严重的时期，到3个月时就很轻了，到4个月时就不会出现了。不论怎样都能自愈，所以不能称作是疾病。吐奶多数是在婴儿出生后半个月发生，偶尔也有出生后2个月时发生的。

哺乳期乳房护理

首先要注意乳房的清洁卫生，经常用温水清洗乳头。

第一次喂奶前后要注意进行乳房护理，用清洁的植物油涂在乳头上，使乳头的痂垢变软，再用温水擦洗乳房、乳

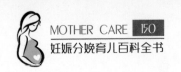
头及乳晕。这样做是为了彻底清除乳头内深藏的污垢和细菌，以免引起新生儿胃肠道感染。

新妈妈不要留长指甲，因为指甲缝易存污垢，还易划伤婴儿娇嫩的皮肤，喂奶前要洗净双手。可以轻轻按摩或热敷乳房，以协助排乳，减轻乳房胀痛。每次喂奶先吃空一侧乳房，再吃另一侧。下次喂奶反顺序进行。

喂奶后用手挤空或用吸奶器吸空剩余的乳汁，以利乳汁分泌。挤出几滴乳汁涂抹在乳头和乳晕上，可起到保护作用。要选择纯棉质地的胸罩，注意不要太紧。

乳房胀痛有硬块时，可以轻揉乳房根部，由外向里揉，再把乳汁挤出或吸出，保持乳腺导管通畅，防止发生乳腺炎。

喂奶后要清洗乳房，以防小儿鼻咽处的细菌侵袭，引起乳腺炎。再涂上润肤乳液，轻轻按摩，这样可增加乳汁分泌。

如果乳头破裂，可以用乳罩保护奶头，局部涂10%安息香酊。破裂严重时应暂停喂奶。等伤口长好后再喂奶。

温馨提示

> 如果有疾病或其他原因不能喂奶，应在产后24小时内开始回奶。口服己烯雌酚5毫克，每日3次，连服3天。炒麦芽水煎服用，代茶饮亦可，如果乳房胀痛明显，可用芒硝500克分包敷在乳房上，尽量少饮汤水协助回奶。

保证乳汁充沛的注意事项

母乳喂养的优越性和重要性已被大多数人所认识，如果产后没有奶或奶量不足，常会使新妈妈感到非常着急。为了使乳汁充足，新妈妈要保持情绪稳定，睡眠充足，营养充分，掌握正确的授乳方法，必要时可服用下奶药物。新妈妈不要心存担忧，如怕乳汁不足，或者担心乳汁分泌日益减少，要对坚持4～6个月的母乳喂养建立足够的信心。只要掌握正确哺乳的方法，新妈妈的乳汁一定能满足宝宝的需要。要想使母亲保持充沛的乳汁，应注意以下事项：

1 在分娩后半小时内就可让婴儿开始第一次吮吸。有关资料表明，婴儿吮吸刺激越早，母亲乳汁分泌就越多。即使母乳尚未分泌，吮吸乳头几次后就会开始分泌乳汁。哺乳时要按需哺乳，奶胀了就喂，婴儿饿了就喂。频繁吮吸可以增加乳汁的分泌。

2 喂奶时先让比较胀的一侧乳房吃空，然后再吃另一侧，吃不完的奶要挤出来，不要让乳汁郁积。

3 如果新妈妈乳汁郁积，没有及时排空，就会影响进一步泌乳，而且一旦乳头破裂，细菌侵入，就会引起乳腺发炎。发病后，病人有发热、患侧乳房胀痛、局部红肿、压痛等症状。倘若没有及时治疗，发生脓肿，需手术排脓，不但痛苦，而且影响哺乳。

4 不要随意给婴儿添加牛奶或糖水，不要给婴儿使用带有橡皮奶头的奶瓶。因为橡皮奶头可以使婴儿产生乳头错觉，会使其不愿意用力吮吸母乳，从而使母乳分泌越来越少。

促进乳汁分泌的关键因素

● 促进产后泌乳最关键的一点在于母亲乳头接受婴儿吮吸动作的刺激。

● 被婴儿吮吸后，乳头产生的感觉冲动传入下丘脑，再分别刺激垂体前、后叶，促使泌乳素和催产素的合成和释放增加，共同作用于乳房，使乳汁大量分泌和喷射。泌乳素主要促使乳汁的分泌，催产素除了促进子宫收缩外，还可促使乳汁的喷射（下奶）。

● 由于婴儿频繁吮吸，乳汁分泌就会不断增多，完全能满足婴儿的需要。

● 饮食合理、营养丰富是母亲分泌乳汁的基础。母亲要多吃含蛋白质、脂肪、糖类丰富的食物，多吃新鲜水果和蔬菜，保证维生素的需要，同时汤类食物也必不可少。

莫用香皂擦洗乳房

使用香皂擦洗乳房会洗去皮肤表面的角质层细胞，促使细胞分裂增生。如果常去除这些角质层细胞，就会损坏皮肤表面的保护层，会使乳房局部过分干燥和细胞脱

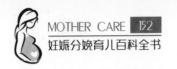
落，从而使表皮层细胞肿胀。

若过多使用香皂等清洁用品清洗，可碱化乳房局部皮肤，破坏保护层。香皂在不断地使皮肤表面碱化的同时，还可促进皮肤上碱性菌群增长，使得乳房局部的酸化变得困难。

此外，用香皂清洗会洗掉保护乳房局部皮肤润滑的物质——油脂。乳房局部皮肤要重新覆盖上保护层，并要恢复其酸性环境则需要花费一定的时间。

因此，如果哺乳期妇女经常使用香皂擦洗乳房，不仅对乳房保健毫无益处，而且还会因乳房局部防御能力下降，乳头干裂而导致细菌感染。

新妈妈应重视哺乳期避孕

不少妇女产后利用哺乳期避孕，认为哺乳期不会怀孕，就不采取避孕措施，甚至用延长哺乳期的方法达到避孕的目的。其实这种方法很不可靠。据调查统计，完全哺乳者大约有40%的人在月经恢复以前就开始排卵，而不哺乳的人则有90%以上在来月经以前开始排卵，部分哺乳者与不哺乳者相似。

由于排卵可发生在来月经之前，因此新妈妈在哺乳期间性交，随时都有可能因已恢复排卵而受孕。有调查表明，哺乳期内受孕的妇女中，有1/2是在来月经之前受孕的，所以利用哺乳期避孕是不可靠的，而且过度地延长哺乳期，可使子宫萎缩变小，甚至引起闭经。

新妈妈如果在产后不注意避孕，有可能很快受孕而需要做人工流产，这时子宫肌肉比较脆弱，对于人工流产手术和新妈妈身体健康均不利，尤其剖宫产者，子宫上的伤口刚刚愈合，如再行人工流产手术，技术上比较困难，对新妈妈的身体更是不利。因此，新妈妈在产后必须注意及时采取避孕措施。

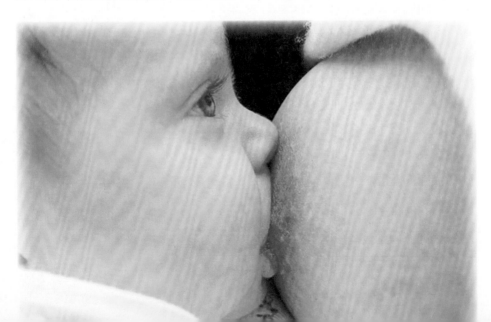

常用的饮食催奶方法

一些中西药也有催奶功效，但其营养作用不大，甚至会有副作用。所以，新妈妈缺奶时，应以饮食催奶为主，既有利于下奶，又可增强体质。常用饮食催奶的方法有以下几种：

1 猪蹄1只，通草2.4克，加水1500毫升同煮，待水开后，再用文火煮1～2小时。每日1次，分两次喝完，连用3～5天。

2 猪骨500克，通草6克，加水200毫升，炖12小时。1次喝完，每天1次。

3 鲜鲫鱼500克，去鳞、除内脏，清炖或加黄豆芽60克或通草6克煮汤，每日2次。吃肉喝汤，连用3～5天。

4 豆腐150克，加红糖50克，加适量水同煮，待红糖熔化后加米酒50毫升。1次吃完，每日1次。

5 干黄花菜25克，加瘦猪肉250克，一同炖食。或用猪蹄1只，同干黄花菜同炖食。

6 红小豆125克煮粥，早晨吃，连吃4～5日。或用红小豆250克煮汤，早晚饮浓汤数日。

7 牛奶、果干品、瘦猪肉各60克，红枣5个，用水煎服，每天吃1次。

8 鸡蛋3个，鲜藕250克，加水煮熟，去蛋壳，汤、藕、蛋一起服，连用5～7日。

9 羊肉250克，猪蹄2只，加适量葱、姜、盐，炖熟，每日服食1次。

用花生通草粥通乳

如果乳汁不足，不妨喝些"花生通草粥"。其制作方法为：花生米50克，通草8克，王不留行14克，炮山甲10克，粳米50克。先将通草、王不留行、炮山甲熬水去渣留汁，再将花生米捣烂，与粳米及药汁共煮成粥。将粥煮稠后，加入适量红糖即可食用。

温馨提示

母亲的泌乳量与腺体多少以及对乳头的刺激有关。只要母亲坚持母乳喂养，让婴儿多吮吸，坚持夜间哺乳，就会使乳量增多。

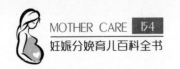
正确的断奶方法

　　婴儿长到10个月时就可以断奶。如果断奶时期正好赶上炎夏或寒冬季节，可以稍稍推迟一些，因为夏季断奶，婴儿易得肠胃病；严冬断奶，婴儿易着凉。断奶也不可太迟，最晚1周岁左右就应断奶。否则，由于婴儿月龄较大，其所需的营养物质会不断增加，单纯依靠母乳喂养不能满足要求，势必影响婴儿的生长发育。

　　给婴儿断奶应该逐步进行，不可采取强硬的方法，以免造成婴儿心理上的痛苦和恐惧。若突然改变婴儿的饮食习惯，婴儿的肠胃无法适应，会影响婴儿健康。断奶的方法是逐渐增加辅食，逐渐减少哺乳量，慢慢地过渡到新的喂食方式。待孩子对新的饮食习惯以后，就可自然而然地把奶断了。

　　断奶以后，乳母应该少喝汤水，以利于减少乳汁分泌和较快回奶。若乳汁仍然很多，可用束胸布紧束乳房，或先用按摩的方法挤出乳汁后，再用布将乳房束紧。以后如果不感到乳房过胀，可不再挤奶，以免刺激乳房分泌乳汁。

断奶后怎样预防身体发胖

　　有些年轻的母亲到了应该给孩子断奶的时候，却迟迟下不了决心，原因之一是她们认为，一旦断奶以后，奶水中的营养成分便会储藏于体内，会使自己发胖，这是错误的看法，是缺乏科学依据的。

　　引起肥胖的原因是摄入的热量多于消耗的热量，多余的热量便会转化成脂肪，储存在皮下，从而导致肥胖。哺乳期为了使奶水充足，许多乳母十分讲究营养，每天鱼、蛋、鸡、鸭不断，再加上忽视产后锻炼，就容易发胖。断奶后，夜间不需要再喂奶，睡眠情况更好了，人也就更容易发胖。

　　所以，产后新妈妈是否会胖起来，与是否断奶没有太大关系。及时给孩子添加辅食，为断奶做准备，有利于婴儿的健康成长。而无限制地延长哺乳时间，绝非良策，而且有害无益。

　　要预防产后发胖，需从调整饮食结构和加强锻炼入手，要少吃高脂肪食物，主食和含糖量高的水果也应限制。同时，还应多做仰卧起坐运动，以锻炼腹部肌肉，每天上下午各锻炼1次，每次10～20下。这种锻炼法可防止脂肪在腹部积蓄，有利于恢复产后体形。

新生儿养育

1~3个月

宝宝的体重、身长、头围和胸围

　　婴儿出生后头3个月是生长发育最旺盛的时期。小儿体重增长是不等速的，年龄愈小，增长越快，出生后头3个月是体重增长的第一个高峰。头3个月体重平均增长700~800克／月，其中第一个月体重增长可超过1000克，一般每天体重增长30~40克，3个月时体重增长至出生时的两倍，约6000克。出生时身长约为50厘米，至满两个月约为60厘米。刚出生时头围约为34厘米，胸围约32.7厘米；3个月时头围增长至约39.8厘米，胸围增长至约40.1厘米。

为新生宝宝接种卡介苗（BCG）和乙肝疫苗

　　接种卡介苗能预防结核菌感染。新生儿出生一周内即可接种。宝宝若患有疾病，应推迟接种卡介苗。BCG的接种方法是在左上臂三角肌处皮内注射，接种后2~3个星期会局部红肿。大约4周结成疮痂，有时呈脓痂，不要用力摩擦，轻轻擦拭直到自然剥落为止。

　　乙肝疫苗为B型肝炎遗传工程疫苗。接种年龄为生后0、1、6个月，共3次，接种后一般无不良反应。接种后如查乙肝表面抗体阳性，表示接种成功，可每两年加强一次。

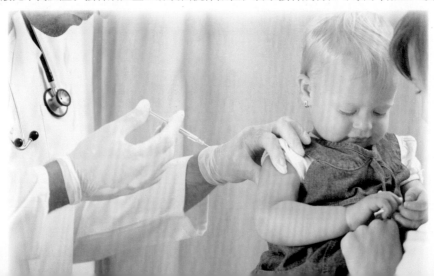

宝宝睡觉的枕头

　　3个月以前的婴儿不需要睡枕头，因出生不久的婴儿的脊柱是直的，生理性弯曲还没有形成，平躺时背和头部在同一平面上，肩和头基本同一宽度，所以，仰卧与侧卧都不需要枕头来垫高头部。为防止溢奶可将上半身垫高一些。

　　3个月以后，婴儿的脊柱开始弯曲，颈部开始向前，背部向后，躯干发育远比头部发育得快，肩部也逐渐变宽许多。这时睡枕头可将头部稍稍垫高，使婴儿睡得更舒服些。同时头在枕头上也便于活动，使头和肩保持平衡。适时使用枕头有利于婴儿的生长发育。

　　婴儿的枕头高3厘米、宽15厘米、长30厘米为最合适。婴儿枕头的填充物以松软不变形的物品为好，一般用谷子、鸭绒、饮后晒干的茶叶、干柏树叶做枕芯，枕套最好用棉布制品，应经常换洗。

怎样让宝宝睡得更好

　　充足的睡眠对婴儿的生长发育是至关重要的。因为婴儿的小神经细胞的功能还不健全，孩子容易疲劳，而睡眠是对大脑皮质的保护性抑制措施，通过睡眠使神经细

胞中的能量得到恢复和储备，让大脑得到休息。睡眠不足的婴儿会哭闹不止，烦躁不安，食欲欠佳，体重下降。

为了让宝宝睡得更好，应注意以下几点：

● 为孩子创造良好的睡眠环境，灯光要柔和，家人说话要轻，室温要适宜，衣服要少穿，被子不要盖得太厚。

● 要养成良好的睡眠习惯，要按时睡觉，不要因玩耍破坏睡眠规律。

● 睡前不要过分逗玩孩子，不要让孩子太兴奋而难以入睡。

● 要培养孩子在床上入睡的习惯，不要由妈妈拍着、哼着小调入睡后再放到床上。

● 不要让宝宝含着奶头、吮吸手指入睡。

含着奶头睡觉有危险

有的母乳喂养婴儿不定时，婴儿什么时间哭就什么时间喂。有时夜里母亲躺着喂奶，如果母亲自己睡着了，婴儿还在吸乳汁，即使婴儿已入睡，嘴里还含着奶头，这种喂奶方式会引起以下问题：

1 婴儿在睡眠中常有吮吸动作，可吸出乳汁，处于沉睡状态的婴儿吞咽反应差，当乳汁进入咽喉部时，轻者引起呛咳，重者吸入气管，发生吸入性肺炎或窒息。

2 母亲入睡过深，乳房会压住婴儿口鼻，使婴儿发生窒息，特别是那些体弱的小婴儿。所以这种喂奶方式不可取，应引起家长的重视。

婴儿鼻塞

半个月左右的婴儿鼻子经常堵塞。既没有到外边去，也没有接触感冒的人，却还是鼻塞。有时积存了鼻垢，但即使小心地取出来，鼻子还是不通气，而且还逐渐加重。多数婴儿在眉毛上沾有浮皮，脸上长出粉刺状的东西。

从季节来说，婴儿鼻塞冬季比较多见。在出现异常干燥气候的日子里，在炉前或暖气前挂上湿毛巾，会减轻空气的干燥程度。鼻塞也与房间过热有关。

天气好的时候，经常让婴儿接触室外空气，会使鼻腔通畅。因为怕感冒而关在房里，或把室温调热都不好。成人用的通鼻药，不要给婴儿用。

有的人用消毒棉签蘸上橄榄油放到婴儿鼻腔中，使婴儿打喷嚏排出鼻垢的方法，但如果是因为黏膜肿胀引起的鼻塞就不起作用了。一般情况下还是尽量让婴儿吸入室外空气，等待自然痊愈为好。出生1个月之后，鼻塞就会变得很轻，不久，就会痊愈。

头形不正

婴儿到1个月左右，放到床上躺着时，会发现婴儿的脸只朝向一个方向。仔细观察，头的左右不一样圆，只朝向右边的孩子右侧头部变平；只朝向左边的孩子左侧头部变平，在不知不觉之间，婴儿的头已经压扁变形了。善良的母亲会被批评说："只让孩子向一侧躺着睡，所以下边的那一侧变平了。"其实这是不确切的。

婴儿的头在出生1个月左右的时间，生长速度比其他任何时期都快，头围可扩大3厘米。头骨的急剧生长，不一定会左右对称。左右不同，并不仅仅是因为外界压迫，也因内部的力量所致。左右不对称，发展到一定程度，婴儿的头部就会一侧扁平。这以后，即使想让朝右的孩子向左躺也是很困难的，过2个月时，婴儿能够自由活动头

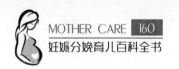
部了，纠正起来就更难了。所以，要想使婴儿头部左右对称，出生后1个月内，就应该经常观察婴儿头部，如果稍有不平，就马上把这一侧垫起来，使这一侧不承受重力，但实际做起来是很难的。

有的婴儿无论如何注意头部，都会出现左右不同。对头部的形状不要太费心思，多数婴儿头部都多少有些偏斜，即使是相当偏斜的头在过周岁生日时，也会变得不明显了。

给宝宝补充水分

宝宝年龄越小，体内的含水量就越多。婴儿期新陈代谢旺盛，对水的需求量相对也较多。母乳和牛奶中虽有大量水分，但远远不能满足婴儿生长发育的需要，因此，吃母乳或牛奶的婴儿都应补充水。一般情况下，婴儿每日每千克体重需水120～150毫升，应去除喂奶的量，余量一般在一日中每两顿奶之间补充水分。可给婴儿喝白开水、水果汁、蔬菜汁等，夏季可适当增加喂水次数。

从满月开始补钙

宝宝一般从满月开始就要补钙。若是母乳喂养，还要保证乳母足量钙的摄入，可

多食用瘦肉类、鱼类、虾类等高钙食品。若用配方奶粉喂养，配方奶粉也含有钙质，但却不易吸收，也需补钙。可为宝宝选购有品质保证的补钙制品。

通过喂果汁和蔬菜汁补充维生素C

母乳中维生素C的含量比较不稳定，若母亲营养不均衡，摄入维生素C（水果、新鲜蔬菜）较少，其乳汁中维生素C含量亦偏低。牛乳中的维生素C含量只有人乳的1/4，且于煮沸后即被破坏殆尽。所以，人工喂养的婴儿更容易发生维生素C缺乏。一般应在出生后1~2个月开始添加新鲜果汁、菜汁，以补充维生素C。

1~3个月要开发孩子的参与意识

你的新生儿是一个绝对独一无二的个体。

许多研究表明，新生儿在许多方面都表现出显著差异。有的性格主动，有的性格被动。他们对光线、声音和触觉的敏感程度不同，看到乳头或奶瓶时的兴奋程度不同，性情不同，肌肉的结实程度不同，血液的化学组成不同，激素的平衡也不同。

你的孩子是独一无二的，请尊重每个孩子的特性。你的任何一个孩子都不会复制某个特定年龄、特定发展阶段的标准。现在，在充分理解孩子绝对的独特性的基础上，让我们来谈一谈婴儿生命之初3个月的一般特征。

大部分时间新生儿都在睡觉，有时每天能睡20个小时（再次强调，你的孩子可能不是这样）。前3个月里，婴儿是被动的、安宁的。他还不能抬头，不会翻身（除非是不小心掉下来），也无法晃动自己的手指和脚趾。这个世界对他而言就是一个巨大

无比、嘈杂混乱的地方。尽管他一出生就会注意到人脸，但是还不能区分不同的脸孔。然而婴儿有惊人的记忆力，能够在脑中储存大量信息。罗伯特·范茨博士最近的研究显示，新生儿能够区分不同的视觉图形。他证明，在一个黑白图形和一片没有形状的彩色之间，新生儿注视前者的时间更长；同时，在一个粗略的人脸图形和同样线条组成的没有意义的图样之间，新生儿会花更长时间注视人脸图形。刘易斯·利佩斯特博士也证明，几天大的婴儿就能够区分不同的声音和气味，当这些声音和气味重复出现的时候，他很快就会习惯。

这些研究成果说明，新生儿把他听到、看到、感受到的信息都储存在大脑里。他一出生就能够体验到感官带来的愉悦，而一旦他懂得享受感官的愉悦，你就可以和他玩耍了。我所说的玩耍不是指把他高高地抛起，也不是和他藏猫猫，而是按照他依然稚嫩的发展水平玩些简单的游戏。

和婴儿玩耍可以从听觉入手。新生儿的听觉很敏感，突如其来的响声会把他吓一跳。他喜欢和声细语，喜欢轻柔的歌声，听到大人的脚步声，他会慢慢学着停止哭泣，掌握了这一点，你就知道如何和他玩耍了。你可以播放不同风格的音乐，或者让他聆听各式各样的声音：钟表的滴答声、节拍器的声音、勺子敲打玻璃的叮咚声。你在做这些事情的时候，他看上去并没有反应，其实这些声音都已经储存在他的大脑里了。你给到孩子的正是宝贵的感官刺激。

皮肤也是一个重要的感官刺激媒介，婴儿都非常喜欢肌肤的接触，喜欢大人轻轻拍打他们。你可以在洗澡前后给婴儿做5分钟的"按摩"，但是千万不

要把这当成苦差事，如果强迫自己就起不到效果了。你也可以给孩子做些简单的"体操"，这是能够促进肌肉张力的身体游戏。孩子仰卧时，可以拉着他的手臂往两边伸展，再合拢放回胸前，重复几次；也可以举起他的腿，像骑自行车那样缓慢地踢动。一旦他找到规律，就会开心地笑起来，做动作的同时，你再唱些有韵律的歌曲或发出好玩的声音，婴儿会更有兴致。

视觉是另一个感官刺激的路径。摇篮是婴儿的全部世界，多么枯燥无味的地方啊！试想一下，你自己能够忍受一个四面白墙、单调乏味的屋子吗？我们可以增加视觉的装点，让小摇篮生动活泼起来。比如找一些颜色鲜艳的布块、纸张或者造型夸张的塑料制品，挂在摇篮的两侧或者上方。也可以

买一个床铃，或者自己做一个：找一些发亮的铝箔、纸张、硬纸板、彩色的纽扣，或者其他好玩的东西，把它们用绳子或铁丝穿起来。

许多母亲把床铃悬挂在婴儿的头顶上，在孩子出生后前6周，这种摆放位置是错误的。因为在前6周当孩子仰卧的时候，他的头不是朝向左就是朝向右，因此，床铃应当相应地挂在床的左侧或者右侧。孩子满6周后，生理上有能力自己转动头了，才可能仰面看天花板。

不要让婴儿长时间地躺在摇篮里，有机会的话让他躺在你的膝盖上，看看新鲜的场景，也可以用婴儿提篮拎着他去看看别的房间。有些母亲用婴儿背带一边背着孩子一边做家务，不是每个母亲都喜欢这样做，但是如果你喜欢这种方式，孩子就有机会看到变化的风景。

孩子生下来的一段时间里，无论你对他说话还是唱歌，他只是被动地把这些信息储存到大脑中，并不会主动回应。等他长到两个月大，你会发现一些变化。这时你对他讲话，和他做游戏，或者嘴巴里发出没有什么特别意义的好玩的声音时，就会发

现小婴儿在努力地"回答"你呢。他的嘴巴会颤动，好像是在艰难地弄出声音好回应你。不久以后，这样的回答会演变成婴儿与母亲之间特殊的"谈话"。

这个月龄的婴儿在努力"交谈"的同时，还有一个类似的重要的发展内容：视觉引导下的抓取动作，这是婴儿掌控外部世界过程中的重要突破之一。视觉引导下的抓取动作是指婴儿能够同时看到、够到并触摸到物体，这个新的能力为婴儿开启了一个崭新的世界。

孩子到了两个月，你就可以用些简单的自制玩具帮助他发展这个能力。准备几个颜色鲜艳的小号婴儿袜子，可以是大红色和亮黄色。首先剪掉袜子的脚趾部分，然后在边上开一个小洞，让大拇指从小洞里伸出来，其他四个手指从剪掉的脚趾部分伸出来，一双鲜艳的婴儿无指手套就做好了。

起初，当孩子摆动双臂的时候，他意识不到这副手套和这双手是自己的。给孩子戴上这种"袜子手套"可以帮助他更快地意识到这一点，从而激发视觉引导下抓取动作的发展。

下面再介绍一个丰富婴儿视觉环境的方法。你有没有问过自己：每天在整理台上换尿布，这样的环境是多么单调乏味？婴儿只能仰面躺着朝上看，多么枯燥！可以考虑在整理台边上放一面镜子，这样一来，不论是换尿布还是洗澡，孩子既能看见你的动作，也能看见自己，视觉的环境就会更有趣味。

除了有趣的视觉环境，小婴儿还需要一个可以参与的环境。他需要知道自己有能力做一些事情，而这些事情会对环境产生影响。除了对孩子说话，给孩子唱歌，你还要对孩子发出的声音有所回应。婴儿很早就会玩和声音有关的游戏了。当他咿咿呀呀、叽里咕噜发声的时候，你若用同样的声音回应他，他会非常高兴，因为他通过这样的行动得到了周围环境的反馈。于是他会像得到一件新玩具那样，渴望发出更多的声音，以便再从周围环境获得同样的反馈。

从这些声音的交流中，婴儿正在学习一个非常宝贵的经验。他逐渐知道他有能力做一些影响周围环境的事情。他明白自己可以参与到周围的环境中去，即使他还很小，这个经验也有助于建立他最初的自信心和培养外向的性格。

父母可以自己制作布垫，为孩子提供一个可以参与的环境。做起来很简单，把不同质地的布块像打补丁那样缝在一个大的橡皮软垫上。孩子可以用手去抓布块，感受不同的质感。小手只需稍稍移动到另外一块布上就会有新的体验，这样一个互动的环境会激发孩子进一步探索的热情。

我再介绍一种自制玩具：准备一根橡皮筋或者细绳，把不同的物品挂在上面，可以是婴儿调羹，也可以是能出声的玩具或颜色鲜艳的塑料手链等。这些物品必须是安全的，不要悬挂婴儿可能放到嘴里导致窒息的小东西。把这根挂满好东西的绳子悬在婴儿面前，让他伸手就能够到。

确保绳子和橡皮筋足够结实、足够粗，不会缠绕孩子的手和手指导致血液不流通。记住，不要用细线来悬挂玩具。

通过这些简单的自制玩具，父母就可让小婴儿置身于丰富多样的物品和环境中，并借此丰富他成长中的个性。同时你也在教他明白：只要对环境施加影响，环境就会作出回应。因此，父母能为这个阶段的婴儿做的最重要的事情就是提供适当的环境，让他懂得自己的行为能够对环境产生实际的影响。

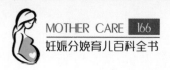

4~6个月

宝宝的体重、身长、头围和胸围

4~6个月的婴儿生长发育迅速，较前3个月又有了很大的发展变化。在这个阶段，婴儿平均每月体重增加500~600克，身长平均每月增长2.5厘米，头围增长也很快，头很大，全身肌肉丰满，眉、眼等"长开了"，已经长得很像样了。有的宝宝5~6个月时已开始出牙。

眼睛转动灵活，喜欢东瞧西看，经常笑出声，醒着的时间多了，开始明显地表现出愿意和人交往。

断奶的准备

这里所说的"断奶"并不是指立即停止母乳或牛奶，而是使婴儿逐渐习惯吃母乳或牛奶以外食物的过程。

4个月的婴儿只喝母乳或牛奶也能很好地成长，不必特别急着断奶。断奶的目的是使婴儿适应吃乳品以外的食物，即对婴儿进行食物教育。教育的首要原则就是培养受教育者主动学习的积极性。婴儿是否有要吃的欲望是最重要的，如果无视婴儿的愿望，断奶就无法进行。母亲应该最清楚婴儿的情况，婴儿只吃母乳或牛奶是不是已满足了？是否还想吃其他的食物？断奶有各种各样的方法，但如果婴儿从一开始就没有想吃的欲望，就应及时中止，等一段时间后看婴儿的自然状况如何，再决定是否重新开始实施断奶。

要吃有形的食物，必须先从练习用勺开始。如果婴儿不喜欢用勺吃东西，或用勺时将食物全洒掉，说明断奶还为时过早。从上个月开始练习用勺，且非常爱吃菜汤之类食物的婴儿可以将断奶再推进一步。

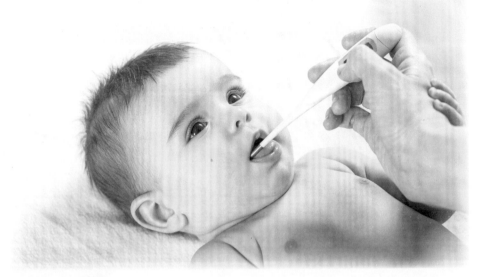

婴儿的感冒

4~5个月的婴儿出现鼻塞、打喷嚏等症状时，大概是从父亲或母亲那里传染上了感冒。不过，6个月之前的婴儿感冒时是不会有高热的，一般在37℃左右。虽然不太爱喝奶，但不是一点儿不喝。感冒初期会流出水状的清鼻涕，三四天后变为发黄的浓鼻涕，然后慢慢开始好转。

感冒加重后转成肺炎的情况近来已很少了。过去，常常有营养不良的婴儿由感冒转为肺炎，可现在婴儿的营养状况大都很好。维生素A摄取不足时，气管内的细胞抵抗力丧失，细菌很容易侵入，但现在已很少有维生素A缺乏的婴儿。佝偻病也几乎消失，这大概也是肺炎减少的一个原因。

感冒是病毒性疾病的总称，所以感冒也有各种各样的类型。抗生素一般用于中耳炎和肺炎的预防，对感冒是不起作用的。父母一方得了感冒，两三天后婴儿也出现感冒的症状，这时可以断定感冒已传染给了婴儿。婴儿即使得了感冒，可吃奶、活动都很正常，又不腹泻，这种情况下，只要给婴儿穿得暖和些，感冒自然会好起来。如果婴儿实在不想喝奶，可喂些果汁，在夏天弄凉以后吃会更好一些。流鼻涕期间，要尽量控制入浴。已经开始吃断乳食物的婴儿，只要愿意吃就可以像平时一样喂下去。

知道婴儿感染上了父母的感冒以后，就没有必要再去医院了，因为医院往往是聚集病人最多的地方，候诊室就好比病原体的陈列馆。况且，即使在医院诊断为感冒，目前也没有对感冒病毒特别有效的药物。

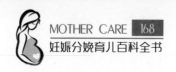
耳垢湿软

在5个月之前仔细察看婴儿耳朵的母亲很少。到了5个月以后，婴儿的耳朵里面比较容易看清了，母亲这才发现婴儿耳朵里的耳垢不是很干爽，而是呈米黄色并粘在耳朵上。如果母亲自身也是同样情况，就可能以为是遗传的结果而不会在意。可不知道有这种情况的母亲就会担心婴儿是否会是中耳炎。

中耳炎时，耳口处会因流出的分泌物而湿润。但两侧耳朵同时流出分泌物的情况却很少见。并且，流出分泌物之前婴儿多少会有一点儿发热，出现夜里痛得不能入睡等现象。天生的耳垢湿软一般不会是一侧的。

耳垢湿软大概是因为耳孔内的脂肪腺分泌异常，不是病。一般来说，肌肤白嫩的婴儿比较多见。耳垢特别软时，有时会自己流出来，可用脱脂棉小心地擦干耳道口处。不可用带尖的东西去挖耳朵，使用不当会碰伤耳朵引起外耳炎。耳垢湿软的婴儿长大以后也仍如此，只是分泌的量会有所减少。此外，这样的婴儿并不见得长大后都会出现腋臭。

宝宝出牙的护理

婴儿一般在4～10个月开始长牙。为使宝宝长出一口健康整齐的乳牙，在乳牙萌发时适当护理至关重要。乳牙萌发时，婴儿的牙床先开始红肿，有充血现象，极易引起牙床发痒，喜欢吮手指、咬奶头、咬玩具，经常流口水。当乳牙突破牙床，牙尖冒出后，牙渐渐变白，这标志乳牙已生成。

一般婴儿长牙无异常现象，某些孩子会有低热、睡眠不安、流口水或轻微腹泻。这时应多给孩子喂些开水，以达到清洁口腔的目的，及时给婴儿擦干口水，以防下颌部浸红。可给孩子一些烤馒头片、饼干、苹果片等食品以供磨牙，预防牙痒，又可促进乳牙生长。

婴儿出牙的时间很不一致，一般在6～10个月萌发均属正常，并非越早出牙越好。如婴儿在3个月时就出牙，并非正常现象，是由于牙胚距口腔黏膜太近，因而出牙过早。这些牙齿会影响喂奶。每个婴儿出牙时间不同，不必单纯以出牙时间来作为婴儿健康发育的标志。

宝宝口水增多可戴围嘴

3～6个月的婴儿唾液分泌开始增多，婴儿出牙时也会刺激唾液腺分泌。这个阶段的婴儿，由于口腔吞咽功能发育尚未完善，口腔较浅，闭唇和吞咽动作还不协调，不能把分泌的唾液及时地咽下去，唾液便从口中流出来。因此，此阶段的婴儿口水较多，常沾湿胸前的衣服。

随着月龄的增长，婴儿逐渐学会随时咽下唾液，牙齿长齐后，一般流口水的现象会自然消失。婴儿流口水不是病，不需要治疗，可给婴儿戴上布制的围嘴，并要勤换洗。随时擦拭婴儿流出

的口水，口水较多者可在嘴唇周围搽些润肤霜，以防皮肤被擦破。

训练宝宝定时排便

使婴儿养成定时排便的习惯，有利于婴儿的消化、排泄功能规律化。可以用便盆为6个月的婴儿把大便。把大便时，大人可以发出"嗯……"的声音，同时叫宝宝的名字说"使劲……"。经过几次训练，大人的语言和声音作为排便的信号，可以形成一种条件反射。同样，大人可用"嘘……"声训练婴儿小便。一般在早起后排大便，喂水或喂奶后15～20分钟排小便，醒来后排小便。

从4个月开始给宝宝添加辅食

对于4个月以上的宝宝，单纯母乳喂养已不能满足其生长发育的需要，即使是人工喂养的宝宝，也不能单纯靠增加牛乳的量来满足其营养需要。一般来说，当每日摄入的奶量达到1000毫升以上，或每次哺乳量大于200毫升时，就应增加辅助食品，为断奶做准备。

宝宝5～6个月已开始分泌足够的淀粉酶，可以添加一些淀粉类辅食（如奶糕、米粉、饼干等）、动物性食物（如肝、蛋、鱼等）、果蔬类及植物油。可按不同月龄婴儿的需要和消化能力加喂辅食，使其逐渐适应。

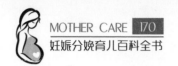
4～6个月要满足孩子最初的探索欲望

4个月是一个转折点

满3个月的婴儿可以抓取物品了。这个动作标志着婴儿进入了一个新阶段，从无助地被动地适应环境过渡到积极主动地操控环境、探索世界。

4个月以前，婴儿是靠眼睛、耳朵和嘴巴（吮吸的动作）来探索世界的。现在婴儿开始用手来探索了，他逐渐表现出格塞尔博士所说的"触摸的渴望"，喜欢抓，喜欢触摸，喜欢感受不同物体的质地并摆弄它们。

到了4个月的时候，婴儿的双手就更灵活了。就像他曾经通过眼睛看明白物品有不同的形状和颜色一样，现在通过双手，婴儿明白了物体还有其他特征：软硬、质地。

4个月大的婴儿如饥似渴地研究他能够抓到、握住的物体：软和硬，粗糙和光滑，干燥和潮湿，还有那毛茸茸的感觉。这种探索的热情和渴望绝对超过任何一个研究物质世界的科学家的干劲。请充分给孩子创造条件让他尽情探索吧！把各种各样的物品放在婴儿双手可及之处，让他充分地触摸、感受、摆弄。这个年龄的孩子会尤其喜欢你为他制作的布垫。

这么大的孩子开始喜欢把拿到的东西放进嘴里，嘴巴好像是他们认识世界的主要感觉器官之一，这种情况还会持续好几年。婴儿好比在对自己说："不把这个东西放到嘴巴里，我怎么知道它是什么呢？"因此，给婴儿准备一个安全的环境非常重要。易碎的悬挂物品，漂亮但尖锐的、能吞下去的物品，尽管在婴儿更小的时候可以丰富

他的视觉环境，现在却都必须收起来。这段时期的玩具一定是结实、孩子吞不下去、不会呛到的东西。

这么大的婴儿可以玩有声玩具了。商店里此类玩具品种繁多，有一种虽然是给大孩子设计的，但是很受小婴儿的欢迎，这是一种名为甘比的可以弯曲的橡皮玩偶，可以咬，也可以摆弄。橡皮有声玩具非常适合这个年龄段的婴儿，不过有的玩具里面藏有金属哨子，如果被婴儿挖出来或者时间长了自己掉出来，都有可能呛到婴儿。

这么大的婴儿也可以玩柔软的毛绒玩具和娃娃了。要防备一些安全隐患，比如说玻璃做的眼睛，婴儿玩着玩着，玻璃眼珠可能会松掉呛到婴儿的喉咙里去。毛绒玩具可以买现成的，也可以自己做。可洗的部分用旧的毛巾、帆布或油布做，填充料可以用泡沫胶、棉花，也可以是旧的尼龙袜。

你也可以到宠物用品店挑选玩具。橡胶响铃骨、多纳圈和内置小铃铛的球，这些不仅小狗喜欢，小婴儿也喜欢玩。

许多三四个月大的婴儿可以使用游戏围栏了。在婴儿学会坐、学会爬、学会在地板上自由行动之前，把他放进围栏玩耍是最合适的。如果等孩子长大后再把他放进围栏，孩子会把这当成一种束缚。婴儿玩耍的时候，把围栏放在房间里、厨房里你视线可及范围之内，这样孩子不仅有你的陪伴，还可以看见你在做什么。当然你不在周围的时候，也可以把玩具放在围栏里，让婴儿独自玩耍。

7~9个月

宝宝的体重、身长、头围和胸围

7~9个月的婴儿开始出牙，辅食的添加应多样化，为断奶做好准备。由于外出机会多，从妈妈那里得来的免疫力渐渐消失，宝宝患病的机会较前6个月增加。

6个月以前的婴儿体格发育最快，6个月以后体格发育较前期稍有减缓。

6个月以后，宝宝的体重平均每月增长500克，身长平均每月增长1厘米。在此阶段，宝宝的胸围比头围略小。

婴儿的偏食

婴儿过了8个月，对于食物的好恶也逐渐地明显起来了。不喜欢蔬菜的婴儿，给他喂菠菜、卷心菜或胡萝卜等就会用舌头向外顶，因此，给孩子吃这类食物时，就要想办法做成让婴儿不能选择的形式的食物来喂，如切碎放入汤中或做成菜肉蛋卷等让婴儿吃。但是即使按烹调书上写的那样，把颜色配好，做成有趣的形状，婴儿也还是不吃。对于孩子的这种饮食偏嗜，不必急着在婴儿期去强行改变，有许多在婴儿期不喜欢

吃的东西，到了幼儿期就高高兴兴地吃了。在一定程度上的努力是可以的，但不能过于勉强。即使不喜欢吃菠菜、卷心菜、胡萝卜，也可以从其他的食物中得到补充，对无论如何也不吃蔬菜的婴儿，可以用水果来补充。

如果吃粥、面包、面条能获得必要的能量，喝牛奶（500毫升）或母乳能满足人体对蛋白质的最低限度需要，那么婴儿对其他的副食即使有些偏嗜，也不会导致营养失调。在动物性的鱼、鸡蛋、牛肉、鸡肉、猪肉等食物中，婴儿即使是对其中的任何两种一点也不吃，也不会导致营养失调。

婴儿只要吃米饭、面包、面条，即使土豆、地瓜一口也不吃，也不会发生糖分的不足。在米饭、面包、面条中，婴儿即使对其中的任何两种一点也不吃，只要能好好地吃另一种，就不会引起能量的不足。

一般来说，味觉越敏感的婴儿，对食物的好恶就越明显。父亲喜欢喝酒，对食物特别挑剔时，像父亲的婴儿多半会喜欢吃紫菜等咸味的东西，而对芋类、南瓜等看都不看。这类婴儿，因为无论是粥还是米饭，都吃得不多，所以量体重的话都达不到正常的标准。

不要养成"宠物"癖

婴儿的手能自由活动后，吃母乳时

就会用两只手抱着乳房，或用一只手摆弄乳房。用奶瓶喝奶的婴儿，从这个月龄开始用手紧紧地攥着毛巾，或者把小脸往柔软的被褥上蹭。这可能是婴儿用闲着的手，为喝奶的快乐而伴奏吧。发现了这种情况后，母亲就要注意，不要让婴儿的喜好集中在特定的毛巾和特定的被褥上，而是要给婴儿不同颜色和不同触感的毛巾，或者不断地调换着用被子、毛毯、毛巾被等。如果疏忽了这些，那么特定的毛巾，或者特定的毛毯，就会成了婴儿的特殊宠物，喝牛奶的时候，没有了它，婴儿就不安静地吃。睡觉时，给了那条特定的毛巾后，婴儿摆弄着就能快速地入睡，母亲会认为这样方便，就会帮助婴儿养成"宠物"癖。

如果从帮助睡眠的角度考虑，有"宠物"也没有关系。但是，再长大了就会麻烦。无论去什么地方，都需要那条特定的毛巾，已破烂不堪的毯子不拿着也不行。午睡的时候，没有"宠物"就不吃奶。因此，一旦出现了"宠物"，也不睡午觉了，并且到了一定的年龄也改变不了。

及时制止宝宝错误的行为

7~9个月的宝宝可以感受大人的态度，对语言有了初步的理解。在此阶段，对于宝宝的一些不良行为，大人应及时纠正并制止。

婴儿喜欢把东西往口中塞、咬，应及时制止。凡是有危险的物品一定要远离婴

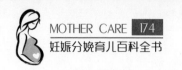
儿，并禁止婴儿去抓。可让婴儿用手试摸烫的杯子后立即移开，这样以后凡是看到冒气的碗和杯子，他自己就知道躲开，不敢去碰。

当宝宝有危险举动，例如拿着剪刀玩时，大人应马上制止，甚至可以给宝宝一点小苦头吃，如取消孩子下午吃点心等。

如果婴儿偶尔打了人，大人立即笑了，还让他打，就会埋下习惯打人的祸根。因为大人的笑对婴儿是一种鼓励，婴儿在大人的鼓励下养成了习惯，以后不管见谁都打。所以，在他打人时，大人应做出不高兴的样子，及时制止孩子打人的行为。如

果宝宝错误的行为得到及时制止，以后就不会再重犯。

宝宝晒太阳时不要隔着玻璃

佝偻病又叫"软骨病"，是由于营养不良、缺乏维生素D及钙、磷引起的。如果喂养不当，日光照射不足，幼儿易患此病。

幼儿体内的维生素D除了来自食物外，主要由接受紫外线照射而得。人体皮肤含有脱氢胆固醇，通过紫外线的照射，能转化为维生素D。因此，经常晒太阳是预防佝偻病的好方法。

太阳紫外线是不能透过玻璃的，不能让孩子隔着玻璃晒太阳，要尽量让孩子的皮肤直接与阳光接触，只有这样，才能收到良好的效果。

让宝宝练习用杯子喝水

从9个月开始，可以让宝宝练习用杯子喝水。刚开始，可以让宝宝自己用手扶着

杯子，大人加以辅助，教宝宝用杯子喝水。让宝宝练习用杯子喝水，可以培养宝宝手与口的协调性，促进宝宝智力发育。

帮宝宝学走路

　　7~9个月的宝宝能在大人的扶持下站立，并能迈步向前走几步，在大人的帮助下可以学习行走。把宝宝放在学步车中坐下，宝宝自己会用手扶着站起来，大人帮助推宝宝一下，让孩子学着迈步，学会后大人即不必帮助。

多给宝宝读画书

　　宝宝7~9个月时，家长可以给宝宝买些构图简单、色彩鲜艳、内容有趣的小画书，多给宝宝读画书。最好多给宝宝选择印有真实动物的画书。

　　妈妈可以一边用手指着小画书上的图片，一边用清晰、准确、缓慢的语调，将好听的故事讲给宝宝，让宝宝开心地跟着妈妈咿咿呀呀地练习发音，引导宝宝开口说话，引发宝宝对图书和学习的兴趣，让宝宝在愉快的气氛中接受阅读训练，由用表情、动作和音节过渡到用词语和句子与父母交流。

7～9个月要给孩子研究和适应环境的时间

一般来说，婴儿长到7个月后会开始怕生。在生命最初的7个月里，小婴儿知道了哪些是熟悉的面孔，哪些是熟悉的人。到了7个月大，他已经比较成熟，能够辨别出陌生的面孔和陌生的人。因此，让他接触陌生人的时候一定不能操之过急，千万不要让他突然一下子进入新环境。如果一开始他表现出恐

惧并哭闹，就说明他很害怕新的环境，这时一定要给他更多的时间去适应。

这么大的婴儿喜欢叽里嘟噜地发出声音。两三个月大的时候，他是无意识地发出一些没有含义的声音，现在已经可以和妈妈玩一些语言游戏了。7个月大的时候，很多婴儿会长出第一颗牙齿。长牙时婴儿会迫切地想咬东西，父母需要给他提供可以咬的玩具。

7～9个月大的婴儿对重复非常着迷。他喜欢一遍一遍又一遍地重复一个动作，直到他认为自己熟练掌握了这项技能。比如，他喜欢把一样物品往餐台或宝宝椅上一遍又一遍地敲啊敲。大人对如此单调的重复很快会厌倦，根本无法理解婴儿在重复的动作中获得了多大的快乐。

7个月大的小婴儿发现了模仿的乐趣。模仿是最强大的社会性动机之一，这个动机将贯穿整个童年阶段。6个月大的婴儿会模仿父母的手势，如用海绵擦拭食物，也会模仿父母的说话声。正是通过模仿，婴儿在学会讲话之前就早有办法让别人知道自己想要什么。他仿佛一个在异国旅行的人，虽然语言不通，却能够通过发出声音和比比划划来表达自己的愿望。

婴儿长到8个月大，一般就会爬了。这个动作的发展使得他立刻有能力去更积极地探索、研究周围的环境。

8～9个月大的时候，婴儿可以不再用浴盆而改用浴缸洗澡了。水必须浅，因为不小心照看的话婴儿可能会溺水。可以在浴缸里放些浮水玩具、可洗的布块以及塑料杯子，这些就组成了一个崭新的乐园。水中游戏是婴儿喜欢的一大游戏，这个爱好可能

源于他漂浮在羊水中的温暖记忆。不论原因究竟是什么，总之水中游戏是小孩子最舒适、最放松的游戏之一。

婴儿学会原地蠕动打转以后，就很快能够爬行了。两者的区别在于蠕动打转时肚子着地，而爬行的时候躯体不接触地面。一旦婴儿学会了爬行，尤其是能够扶着东西站起来以后，大人要注意清除家里的危险物品。任何可能伤害婴儿的东西都要收起来，放到他够不到的地方。要彻底检查地板，以免留有安全别针、图钉、钉子或者其他婴儿可能吞下的小东西。记住：婴儿可能把任何抓到的东西放进嘴巴！只要看到突起的物体，他就想去拉；只要看到绳子和线，他就想去拨弄。此外，当我们的小探索家仰面拿东西的时候，要确保不会有任何尖锐、危险的物品会被他拉下来砸到自己。

不要一直把婴儿关在游戏围栏中，偶尔可以让他出来在屋子的一个角落里，或是有防护的、没有危险的大房间里玩一会儿，这些都将是婴儿探索的新天地。7～9个月大的婴儿有浓厚的兴趣了解周围环境，往往可以独自高高兴兴地一次玩上半个小时，对于这个月龄的孩子，家里的普通物品就是很好的玩具。

一旦婴儿掌握了松开手让东西掉下来这项新技能，母亲满地拣东西的苦日子就开始了。这项技能的获取是婴儿生理发展的一个里程碑，具体哪个月龄掌握这项技能因人而异。一旦学会，婴儿就有了一个新玩法：让东西掉下去，把东西扔出去。看！东西飞到游戏围栏外面去了，东西从餐桌上掉下去了，从宝宝椅上砰的一声掉下去了！孩子这样做绝不是故意惹你生气，他不过是在试图了解周围世界的特征。他正在探索手的力量和重力法则之间的关系，尽管他还不能把这种关联用语言表达出来。

10～12个月

宝宝的体重、身长、头围和胸围

10～12个月的宝宝已经能够站立及扶着行走了。此时宝宝的智力有了很大的发

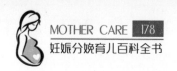
展，语言发展处在学说话的萌芽状态，会叫"妈妈"、"爸爸"，更加活泼、淘气，活动范围较之前扩大了很多。

此时的宝宝活动范围扩大，很容易发生意外。婴儿期将结束，这个时期应该完全断奶，变辅食为正餐了。

10～12个月的婴儿体重增长较以前减慢，但身高增长较快。到满周岁时，宝宝的体重约为出生时的3倍，身长约为出生时的1.5倍，胸围比头围稍大些。

宝宝有了个性的雏形

10～12个月的宝宝已显出个体特征的某些倾向性。例如有的婴儿不让别人拿走自己手中的玩具，想要的东西若拿不到就会马上大哭大闹，乱扔东西；而有的则不声不响，或显出恐惧和啼哭。对于大人的逗引，不同的宝宝会表现出不同的反应。有的报以热情的微笑；有的则绷着脸不理睬；有的见人就打，以打人为乐。这就是个性的雏形，这时大人要注意培养宝宝良好的个性。

宝宝有了一定的记忆能力

10个月的婴儿对大人的语言有了初步的理解能力。1岁时能认识自己的衣帽，能指出自己身上的器官。那些常见面的人和熟悉的东西，若间隔几天不见，再见到时，当说出东西及人的名称时，能够很快指认，这说明婴儿有了记忆。

10~12个月的宝宝能够记住一些事情。当妈妈重新播放宝宝喜爱的歌曲时，会触发宝宝的记忆力，宝宝的脸上会出现兴奋的表情。即使玩具脱离宝宝的视线，宝宝对此玩具的记忆也不会消失。

宝宝添加辅食细则

10~12个月的宝宝具备一定的咀嚼能力，可从稠粥或半固体食物逐渐过渡到松软的固体食物或大块食物。

宝宝满10个月后，妈妈要在宝宝食谱上多下工夫，充分利用牛肉、猪肉、鸡肉、鸡蛋、鱼等营养丰富的食品，让宝宝既可以品尝到不同的美味，又可以摄取丰富均衡的营养。此时饭菜不必做成烂泥状，食物的种类可以增多。

让11~12个月的宝宝开始断奶

10个月左右婴儿的饮食已固定为早、中、晚一日三餐，主要营养的摄取已由乳类转向辅助食物，变辅食为主食了。

虽然有的婴儿还要哺乳，但已可以换成牛奶了。此时，若继续哺喂母乳，则会影响婴儿的食欲。如果宝宝晚上不吃母乳就不睡觉，会让妈妈身心疲惫，对母子健康都不利。所以，11~12个月时就可以完全断奶了。

断奶时，孩子会哭闹几天，妈妈应采取断然措施，可暂时与婴儿分离，坚持数天，就可以保证断奶成功。

最好别在夏天断奶

随着婴儿的逐渐长大，单靠母乳已经不能满足婴儿发育的需要，应当有计划地增加辅食。当辅食增至一定程度后，再继续喂母乳就会影响婴儿进食其他食品，此时就该为婴儿断奶了。

给婴儿断奶必须早做准备，逐渐为婴儿增加辅食，并减少哺乳次数，最后完全停喂母乳。

有些母亲事先不加辅食，想断奶时就突然停喂，甚至采取往奶头上抹辣椒等强制手法，结果使婴儿在相当一段时间内不能正常饮食，影响孩子的身心健康。

断奶最理想的时间是在婴儿10~12个月时，若赶上炎夏季节，可推迟到秋凉季节。因为夏季气候湿热，适合细菌生长繁殖，小儿极易患腹泻等消化道传染病，这时给小儿断奶是不适宜的。

教宝宝分清对与错

在日常生活与游戏中，当孩子做错事时，父母要用摇头、不赞许的表情和严肃的话语向孩子表明他做得不对。

要用点头、微笑、温柔的注视和赞赏的语言对孩子做对的事情表示表扬和鼓励。让孩子知道什么是可以做的，什么是不可以做的，从而养成良好的行为习惯。

玩具

婴儿满10个月后，手指就能相当灵活地抓东西了。尽管还不能搭积木，但已经能用双手拿着互相敲打，或者把积木摆起来玩了。与其在房间中让孩子一个人玩精致的玩具，倒不如带婴儿到室外与父母玩简单的东西，那才是真正意义上的玩。在草坪上和父亲玩，只要有一个橡皮球就足够了。在房间中玩的时候母亲也找机会参加。母亲还可以在婴儿用蜡笔随便画的图画中添上几笔。给婴儿的纸用完了，他就会到墙壁上画，所以要多给他一些纸。还要注意，不要把蜡笔放在玩具箱子里，婴儿捡到了会吃，只有在让婴儿画画时，母亲在旁边陪着才能给婴儿蜡笔。

这个月龄的婴儿常啃玩具。土制或木制的玩具，在其粗糙的着色涂料上，可能会含有铅，所以不要让婴儿放到嘴里。

这个月龄的婴儿已经不再喜欢玩哗啷棒、不倒翁之类的东西，有的婴儿特别喜欢敲木琴或鼓。可以让婴儿追着上了发条就能跑的汽车玩具，以练习走路。

左撇子

　　"这孩子是左撇子吧"，这种怀疑的产生，最初是在这个月龄中。因为玩积木时或伸手接母亲递过来的饼干和抓勺子时，婴儿总是先用左手，而被母亲注意到了。人是右撇子还是左撇子都是天生的，因此，并不是因为左手使用的多了就成了左撇子。

　　孩子是左撇子，知道这一情况是在婴儿期，是手在生活中发挥重要作用的时期。婴儿是用手开始触摸这个世界的，也是开始创造性地使用手的。发挥婴儿的这种创见是很重要的。总是限制好用的手，就是束缚由婴儿用手去进行创造。婴儿想用哪只手，就让他怎么方便怎么用，这是鼓励婴儿"什么都想试一试"的意愿，最好不要考虑矫正什么的。

10~12个月要激发孩子的语言发展

　　有些孩子9个月学会走路，有的12个月开始走，还有的要到14、15个月才开始走路。不管具体的月龄，在婴儿生命第一年的最后3个月里，他都完成了从水平活动到垂直活动的转变。换尿布、换衣服的时候，他不再是被动地、安静地躺着，而是扭来扭去动个不停。从另一个角度说，他也会以一种非常简单的方式配合你给他穿衣服的动作。

　　这个月龄的婴儿有能力玩复杂一点的游戏，比如父母一边打拍子一边让婴儿拍手，或者其他传统的模仿游戏。尽管他还不会说话，但是别人对他说的话他许多都听

得懂，包括一些简单的命令。他甚至会讲出一些游戏和日常生活中用到的关键词，如饭饭和洗洗。

现在是教他认识周围物品名称的时候了。做起来很简单，对他说单个的字或词，指出周围的物品和形状，告诉他相应的名称是什么。洗澡的时候，可以把手伸进水里，哗啦哗啦地搅动几下，然后说"水"；喂苹果的时候说"苹果"；开车驶过一辆卡车的时候，指着它说"卡车"。

这个"贴标签"的游戏，任何时间、任何地点都可以和孩子一起玩。这个月龄的孩子只是把你说的话储存在脑子里，在今后的语言发展阶段才会重复你说的话。这个游戏是激发孩子语言发展最宝贵的经历之一。

第一年的最后两三个月，可以让孩子开始接触书本。很多人会想："什么，看书？太可笑了！这么大的孩子只会把书放在嘴里啃！"请记住，把东西放到嘴里啃是婴儿探索事物的方式，这其中当然也包括书本。婴儿最初阅读的书本应该是布质或者厚纸板做的，毕竟他会去咬。这些书本不是故事书，因为这么大的孩子还听不懂故事，而是介绍日常物品（配有简单文字）的图画书。

这些书本其实是另一种形式的贴标签游戏。你给孩子看图片并大声念出文字，慢慢地，孩子就会有意愿自己摆弄书本了。他会轻轻地拍打书页，把书页揉皱，然后把书放进嘴巴里。再过一段时间，他会喜欢盯着这些图片看，也会在看的时候咿呀几声。这就是他的"阅读"，千万不要小看这一点：在年幼的时候让孩子熟悉书本，就是为他打下阅读的基础，也有助于培养他爱书的习惯。

1~2岁

1~2岁宝宝已具备幼儿的特征

1~2岁的宝宝无论是外表还是心理，都已经具备幼儿的特征，不再是以前那个粉嘟嘟的婴儿了。

当孩子满周岁以后，体格发育的速度就会相对减慢。孩子满1岁时，体重是出生时的3倍，身高是出生时的1.5倍。平均体重为9~10千克，平均身高为75厘米。第一年内体重增加6~7千克，第二年增加2.5~3.5千克。第一年身高增加25厘米左右，第二年约增加10厘米。

1~2岁的宝宝体型多数都已逐渐拉长，由原来的圆滚滚型变为修长型。

骨骼发育的特点：1岁半左右，前囟门完全闭合；2~2.5岁，乳牙出齐，共20颗；腕骨化骨核数目为2~3个。

宝宝两岁时体重可达12千克，身长达85厘米，前囟门闭合，乳牙基本出齐达20颗；两岁以后，小儿体重每年增加2千克，身长每年增加4~7厘米。

让宝宝学习独立行走

1~1.5岁的宝宝已学会了独立行走。宝宝刚开始走路时，头朝前，走得很快，步子僵硬，步态不稳，经常跌倒。

这是由于1岁小儿头围比胸围大，而脚掌相对较小，走路时难以保持平衡；其次小儿骨骼、肌肉比较嫩弱，支撑身体独立行走不够有力；另外小儿的腿和身体的动作不够协调。因此，为了保持平衡，宝宝走路时往往两臂张开，有时甚至横行。

为了帮助宝宝行走，家长有时试图伸出一只手来辅助孩子。但宝宝常常要求自己来，不愿意接受别人的帮助，这就是独立意志活动发展的标志。

小儿的自由走动，扩大了他们的认识范围和活动范围，同时也发展了小儿的全身动作，促进了小儿的心理发育。他们逐渐开始手脚并用，爬楼梯，爬台阶，原地跳，学着跑，走路渐稳，不再跌倒，为将来的活动和游戏奠定了基础。

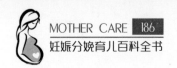
训练宝宝自己穿衣服

宝宝1岁以后，手眼协调能力逐渐增强，可以逐步训练宝宝基本的生活自理能力。除自己吃饭、上厕所以外，还可以训练宝宝自己穿衣服，这是帮助宝宝迈向独立的重要课程。

不要让宝宝和猫狗亲密接触

随着宝宝活动能力的增强，有些宝宝喜欢和猫狗一起玩耍。宝宝与小动物玩耍存在着很多的危险，不要让宝宝和猫狗亲密接触。

及时纠正宝宝的不良习惯

1 吮吸手指

吮吸手指是婴幼儿最常见的不良习惯。在宝宝未满周岁前，吮吸手指属于正常现象，随着身体发育，兴趣转移，自然就会消失。应注意不要让这种现象延续到周岁以后，父母应多抽出时间陪宝宝游戏，戴小手套可起一定作用。

2 啃咬东西

宝宝长牙时很喜欢啃东西，这是生理现象，不久就会消失。如果年龄增长后，还有此种情形，就需要家长留意。

在幼儿园经常可见到这种现象，当孩子想引起大人注意，或愿望得不到满足时，都会去啃咬东西。此外，这和宝宝语言功能的发育也有很大关系，当宝宝无法借助语言表达意思时，也会去啃咬东西。家长应尽量扩大孩子的活动范围，充当其玩伴。当宝宝无法表达自己的意思时，应进一步揣摩他的心思。对孩子的进步及时进行鼓励。

3 异食癖

有些孩子喜欢吃一些似乎是不可思议的东西，如泥土、砖块、烟蒂、纸屑等。这多与孩子缺铁、锌有关，还可能与营养性贫血、肠道寄生虫有关。

4 触摸阴茎

对孩子来讲，自己的阴茎与其他部位没有什么不同。但如果偶尔触摸它，大人就过分注意，反而会引起孩子的关注而常去摸它。若是因为阴茎发痒，只要把发痒的因素去除，孩子就不会再去摸了。假若周围的人过于注意孩子触摸阴茎，反而会促使其养成习惯。

促进宝宝长高的伸展体操

宝宝的骨骼两端都有生长线，如果能通过运动加以适当刺激，就能促进骨骼的生长。

1 伸懒腰
让宝宝平躺，深呼吸，双腿向下，双手向上尽情展开。睡觉前和起床前反复做5次。

2 卧姿蹬腿
让宝宝平躺，深呼吸，伸直双腿，绷紧脚尖。妈妈握住宝宝的双脚，左右脚轮番推拉。推拉时妈妈要注意力度，要用力将宝宝腿拉直，再轻轻推回去。

3 坐姿抬腿
让宝宝坐好，保持正确坐姿，抬起双腿，做骑自行车的动作。

4 跳跃
让宝宝双腿并拢，弯腰下蹲，深呼吸，跃起，手脚要尽量舒展开。

有助宝宝长高的方法

宝宝的身高不仅受到遗传因素的影响，而且受到营养状况、运动量以及睡眠习惯的影响。因此，即使是矮个子父母的宝宝，也可以通过合理营养、充足的休息和有规律的适量运动，最后长成高个子。

睡眠和营养状况良好的宝宝长得高

一般认为，出于遗传方面的原因，矮个子父母的孩子必定不高。实际上，决定身高的因素中，遗传因素所占比例不超过50%，营养状态占30%左右，环境影响约占10%，运动约占10%。后天因素对孩子身高的影响不亚于先天的遗传因素。

要想长高多补钙

牛奶被称为蛋白质和钙的最佳结合体。牛奶中钙的含量很高，且易于吸收，所以

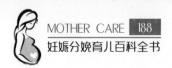

很多人都把牛奶当做补钙和促进长高的食品。

即使牛奶质量再好，营养再高，但如果让宝宝过多饮用，反而不利于宝宝的成长。满1周岁的宝宝每天牛奶饮用量最好不超过500毫升。

要想长高多补锌

婴儿期缺锌是影响宝宝长高的原因之一，牛羊肉、动物肝和海产品都是锌的良好来源。草酸、味精等会影响锌的吸收，准妈妈和宝宝都不宜食用味精。吃含草酸高的菠菜、芹菜前应先用开水焯一下。

开发孩子的创造力

1岁到2岁的孩子还不能融入集体游戏，应该在他们各自独立的玩耍当中培养其自身的创造力。在这个阶段，必须给他们提供尽量多样的玩具，让孩子们体会到玩耍的乐趣。这时不需要对他们进行按部就班的指导，以让孩子们自由玩耍为主。

孩子到了1岁半左右，并非自然而然地就会玩沙、土、石子、水等，他们得到挖沙土的小铁锹、小桶、小沙筛之后才能开始玩土，挖出的土有了玩具翻斗车装运，挖土的游戏才会不停地玩下去。有了小塑料泳池、洒水壶、打水桶、喷水枪之后，他们对玩水游戏才会乐此不疲。

为了开发孩子的创造力，必须要提供大量的玩具材料，柔软材料制成的动物（如狗、猫、马等）、玩偶娃娃、木制卡车、电车、小轿车等玩具都是必要的。很快孩子就会希望进行模仿的游戏，要给他们准备好玩"娃娃家"所必备的各种用具（如家具和小餐具盒等），并教会他们使用方法。一定要准备好积木，从而开发孩子喜爱建筑的天性。还要给孩子提供蜡笔和纸，让他们体味到写和画的乐趣。

这个年龄的孩子，创造的喜悦也融入了运动当中，要给他们准备好秋千、攀登架等游戏器械，离地20厘米搭起的木板，会让孩子感受到过桥的兴奋。投球和滚球也是男孩和女孩都喜欢的游戏。

还要注意开发孩子对音乐的感悟力。木琴和响板类的乐器可以增加带有节奏性的游戏的活力。给孩子们唱他们能够理解的歌曲，演奏风琴给他们听，都可以培养孩子对音乐的爱好。

小画册也是必不可少的发掘孩子天分的材料。通过画书认识了猫、狗、花等形象的孩子，不久就能够很好地理解连环画中的剧情了。

放手让孩子自己吃饭

母亲经常遇到的一个难题是孩子不好好吃饭，其实许多吃饭的问题都是在学步期形成的。只要身体健康，一个正常的学步期的孩子不应该有进食的困扰，如果有，只有一个心理学上的解释，就是父母没有教好。

让我们来看看吃饭问题是怎么形成的。孩子到了一周岁左右，会变得挑食，对食物更有选择性，食量随之减小。父母不必感到奇怪，因为如果他继续像婴儿那样吃下去的话，很快就会长成一个肥胖儿。这个时期的孩子不过是在形成自己特有的食物偏好，而且和父母一样，他的食欲也常常会变化。但是母亲却为此焦虑不安，担心孩子吃不饱，不断地给孩子施加压力，逼着他多吃，其实是母亲自己的焦虑在作祟。"宝贝，快把胡萝卜都吃了，这样才能长得高长得结实呀。"从此，恶性循环就开始了。母亲越逼孩子吃，孩子就越抗拒。一抗拒，就吃得更少了，于是母亲就想方设法哄孩子吃。用不了多久，孩子就不好好吃饭了，在此之前，他其实没有任何问题的。

这一切本可以避免，为什么这样说呢？只要运用得当，父母在对待孩子吃饭的事情上有一个很好的盟友：孩子天然的饥饿感。如果我们准备好搭配合理、营养丰富的

膳食，放手让孩子自己吃，他就会按照身体的需要吃足够量的食物。在这个过程中，父母必须尊重孩子特有的进食习惯，要接受他口味的变化，接受他胃口的变化。如果上个星期他特别爱吃某种蔬菜或水果，现在突然不肯吃了，那也没有关系。让孩子自己决定吃什么，不要想方设法强迫他吃，更不要诱骗他吃。只要给孩子提供营养全面、丰富均衡的膳食，并且让孩子自主进食，不去干涉他吃多吃少，那么你绝不会为他的吃饭伤脑筋。

现在来谈一个重要的话题：如何教孩子自己吃饭？答案很简单：放手让他试！如果孩子六个月大的时候，你让他自己拿着烤面包片或者其他食物吃，就是在训练他今后自己用勺子吃饭。如果从六个月大到一周岁他从来没有机会用手抓东西吃，就会较晚学会用勺子吃饭。

孩子一周岁左右，会开始抓勺子，或者通过其他方式表示他准备好自己吃饭了，这时尽管让孩子去试。当然，你喂他速度会更快，效率也更高，但是请无论如何也要压住这个冲动。要知道，继续给孩子喂饭不利于他自信心和主动性的形成。也许他还没有能力独自吃完饭，需要你喂他，可是只要坚持下去，慢慢地，孩子就会有意愿自己吃饭了。

大部分孩子都是在学步期的早期，也就是12~16个月的阶段，开始渴望学习自己吃饭。如果在这个阶段你没有给他尝试的机会，那么等他长到两岁的时候，自己吃饭的意愿就不会如此强烈了，他会心甘情愿地让妈妈一直喂下去。

2~3岁

宝宝骨骼的发育状况

1 颅骨的发育

除了通过测量头围判断头部的发育以外，还可根据囟门的大小和骨缝闭合的情况来衡量颅骨的发育。前囟一般在1~1.5岁闭合，后囟一般在生后6~8周闭合。

2 梁柱的发育

脊柱的发育代表扁骨的发育。出生后1岁内脊柱增长特别快，以后增长的速度落后于身长的增长。在脊柱的发育过程中逐渐形成了脊柱的自然生理性弯曲，以保持身体的平衡。到6~7岁时这些弯曲才被韧带固定。

3 骨化中心的发育

正常儿童的骨化中心按年龄出现，并按年龄接合。应用X线检查可测定骨骼的发育年龄。通常用腕骨测量，1岁时有2~3个骨化中心，3岁时有4个，6岁时有7个，8岁时有9个，10岁时全出现。

两岁以后宝宝身高增长规律

身高是指宝宝从头顶至足底的垂直长度。1周岁时平均身高达75厘米，两周岁时平均身高达85厘米左右，两岁以后平均每年长5厘米，因此两岁以后平均身高可按以下公式推算：

身高（厘米）=（年龄-2）×5+85=年龄×5+75。

宝宝的求知欲更强烈

2~3岁的宝宝对新鲜事物的探索精神常让父母疲于应付。

宝宝两岁多时，经常爱问"为什么？"3岁就发展到进一步提出"这是什么？""这是怎么回事？"等更深层次的问题，这说明宝宝的求知欲更加强烈。

智力的发展与兴趣息息相关，只有宝宝对周围事物怀有极大兴趣时，才会对事物刨根问底，并在观察、学习、询问和理解的过程中完成智力发育。

两岁是宝宝智力发育的飞跃期

两岁是宝宝智力发育的飞跃期，认知能力大大进步，可以说出人名以及物体的名称，想象和模仿能力也大大增强，开始感受、理解符号，能够把物品或自己当作游戏的对象，喜欢画出各种符号。

两岁的宝宝喜欢模仿大人，可以让宝宝在家里帮助做点简单的家务，这是宝宝学习新技能的最好途径。通过学习，能让宝宝学会记忆、分类，学会集中注意力，学会解决问题。

注意宝宝的牙齿护理

两岁半时，大多数宝宝已出齐了20颗牙齿。有些宝宝已学会漱口，应坚持睡觉前漱口，同时开始训练宝宝刷牙。

宝宝刚开始刷牙时可能搞得一塌糊涂，妈妈这时不要刻意地管教宝宝，那会使宝宝产生逆反心理，让宝宝自己动手。只要宝宝对刷牙产生兴趣，以后再慢慢帮宝宝掌握就容易多了。

此时还要带宝宝进行第一次牙齿保健检查，观察乳齿萌出状况，再检查有没有出现龋齿。因为这个阶段的宝宝特别爱吃糖，而糖里含有的焦性葡萄糖酸会顺着龋洞渗入牙髓，侵犯正在成长的恒齿。

莫让宝宝睡软床

许多人喜欢将婴幼儿的床铺得很软，觉得只有这样睡觉才舒服暖和。实际上，睡软床虽然舒服，但也有许多缺点。

宝宝在软床上睡觉，尤其是仰卧睡时，增加了脊柱的生理弯曲度，使脊柱附近的

韧带和关节负担过重，时间长了，容易引起腰部不适和疼痛。

床铺过软也容易养成蒙被睡觉的习惯。时间一长，被窝里的氧气越来越少，造成缺氧，使大脑得不到充分休息。此外，由于婴幼儿骨骼硬度小，容易弯曲变形，长期在软床上侧睡，很容易造成脊柱侧突畸形。因此，婴幼儿不宜睡软床。

多吃苹果可预防龋齿

苹果能够预防龋齿。由于苹果果肉中含有大量果胶的植物纤维，如果不细细咀嚼，就很难吞咽下去，因此，吃苹果的过程中自然就加固了牙齿和下颚。

要预防龋齿，就应多吃富含植物纤维的水果和蔬菜。植物纤维能促使口腔分泌出大量唾液，可以清除粘在嘴里和牙齿上的食物残渣。

让孩子尽早使用筷子吃饭

用筷子吃饭对幼儿的大脑和手臂是一种很好的锻炼。用筷子夹取食物可以牵涉肩部、手掌和手指等30多个关节和50多块肌肉的运动，和脑神经有着密切的联系。用筷子吃饭，可以让孩子的大脑更加灵敏和迅捷。

善于用筷子进餐的幼儿大都心灵手巧，思维敏捷，身体健康。为了让宝宝更加聪明健康，父母应尽早让2~3岁的宝宝开始学会用筷子吃饭。当然，幼儿在学习用筷子吃饭时，家长必须注意孩子的安全，防止发生意外。

宝宝缺乏锌怎么办

由于摄入含锌的食物不足，而且孩子生长需要锌元素增加，可导致锌缺乏症。锌缺乏表现为生长发育落后，智力发育不良，免疫功能降低，易发生感染，消化功能紊乱，导致食欲下降、厌食、异食癖、腹泻，还可有精神差、嗜睡、毛发脱落等情况。如果出现以上症状，可到医院检测血锌或尿锌进行确诊。

轻度缺锌者可通过饮食疗法加以调节，应多食富含锌的动物性食物，如肝、鱼、瘦肉、坚果等。重度缺锌者可在医生指导下口服锌制剂。

耐心对待淘气的孩子

一般的父母都比较喜欢老实听话的孩子，对淘气的孩子常感到头痛。其实若掌握了淘气孩子的心理，你就知道应该怎样培养他了。对于淘气的孩子，家长不要过多地指责，但一定要对他们进行安全教育，不致因淘气造成危险或财产的较大损失。只要家长引导得好，淘气的孩子长大后在社会上的成就可能远远超过处处听话的孩子。

孩子淘气的原因：

1 淘气行为是一种求知欲

有的孩子看到闹钟会报时，感到很奇怪，就把闹钟拆得七零八散。大多数孩子拆玩具，都是受着这种好奇心的驱使。

2 淘气行为是勇敢的表现

俄罗斯总统普京小时候有一次和同学们打赌，说他敢从五楼阳台跳到四楼的窗台。同学们不相信，于是他就麻利地跳下去了，同学们只好认输。

小普京还告诉过婶婶，他是如何保护女同学的：有一次他看见几个小伙子跟在几个女同学后面发出嘘声，女同学躲也躲不开。练柔道的普京看不过去，就做了几个柔道动作，把那几个人吓走了。

3 淘气行为是想引起家长的注意

当家长由于忙而疏忽了孩子时，孩子为了引起家长的注意，会故意做一些淘气的事情。

善于发现孩子的天赋

具有天赋的孩子往往不容易被发现。他们大多并不是课堂里最聪明、最听话的孩子。有时他们会坐在教室的最后一排，取笑老师，哗众取宠；有时他们又会坐在教室的角落一声不吭。

与那些智商一般的孩子一样，天赋儿童也有着千变万化的个性和爱好，但是在一定的范围内，他们会表现出自己的特点。

尽管下面对天赋儿童的描述很具体，但要确定到具体的个人身上却不是那么容易的。经常给孩子一些积极的暗示，提供一个既有挑战性又轻松的天地，让孩子尽情地发挥吧！

天赋儿童的特点：

- 能很快地解决难题。

- 喜欢有计划，有条理。

- 有着非凡的记忆力。

- 喜欢同成人或年纪比自己大的孩子交朋友。

- 喜欢质疑权威。

- 喜欢轻松地开玩笑。

- 经常"白日做梦"。

- 想些与众不同的东西。

- 容易发现事物内在的联系。

- 看得到事物之间的关系。

- 具有幽默感。

- 看起来要比同龄人早熟。

- 付出比别人少的努力，但得到比别人多的成功。

- 智商在130以上。

- 天赋儿童会有非同一般的好奇心。

保护好孩子的求知欲

在日常生活中，孩子经常问爸爸、妈妈"这是什么"、"那是什么"，随着年龄的增长，问题也逐渐深入，会问"这是怎么回事"，对男孩女孩之间的差异特别好奇，会提出"人是怎么生出来的"，而且什么东西都想看一看，摸一摸，事事感到好奇。家长切不可烦躁地搪塞或草草回答，能做实验的，应边做实验边和孩子一起探索，保护好孩子的求知欲。

教育孩子认识危险

要教育孩子不要接触危险物品，要以严肃的口气告诉孩子，也可以让孩子感觉一下危险的"滋味"，如用较热的瓶罐烫一下孩子的小手，让其体验到痛和烫的感觉，这种体验可以让孩子记住，一旦再碰到相同的物品，就不敢触碰了。

龋齿及其预防

龋齿是细菌把沾在牙齿表面的糖分发酵，制成酸，酸又溶解了牙齿的釉质而产生的。在糖类中，细菌最喜欢白糖，而孩子最喜欢吃的也是白糖。口香糖、牛奶糖、糖果、果汁、碳酸饮料等都是富含白糖的食品。现在的孩子比以前龋齿增多的原因，是零食的摄入量增多了。关在室内的孩子，整日守着电视看，每看到一种电视广告食品，孩子总是要求母亲给买。

除了细菌和白糖，龋齿与遗传性牙质的关系也十分密切。在有很多孩子的家庭里，给孩子吃同样的食品，使用牙刷刷牙的孩子长了很多的龋齿，而有的孩子根本不曾用过牙刷刷牙，却完全不长龋齿。还有的人到了80岁，他家族活着的兄弟姐妹也都牙齿健全。但是，在牙质好与坏还不能事先查明的今天，对于龋齿的预防，只能是清洁口腔及用牙刷清除留在牙齿上的白糖及细菌巢穴形成的齿垢。所以早点让孩子学会漱口及刷牙，使之成为习惯，是最好不过的了。其次是勤于牙齿的检查。成人每6个月检查1次也许就可以了，而幼儿每3~4个月不检查1次就要误事。早些发现龋齿，早些堵上洞穴，是龋齿不得扩展的最好方法。

认生

8~9个月的时候就开始认生的孩子，母亲以为长大了就可以好起来，可过了2岁之后，认生却越来越严重，这样的孩子还真不少见。除了父母，谁都不让抱。去儿童公园就是到了有同龄小朋友玩的地方，也不想参与进去。只要是不认识的人到家里来，就害怕得要哭。这样的孩子越来越多了。在家里每天只跟母亲在一起生活是一个原因，而且本来他就是一个敏感的孩子，稍有什么事就哭。母亲不必认为是自己的指导方法不好。就是这样的孩子也会不久就能加入到其他孩子中间去玩。因为这是孩子的性格，不是急着批评、锻炼就能好转的事。

敏感的孩子，在幼儿期往往不容易抚养，但长大了，却会具有别的孩子所不具备的长处。责备孩子认生是不可取的，因为害怕是为了要保护自己，因此要尽量让孩子跟小朋友在一起玩，让孩子感觉到小朋友并不可怕。因为这种孩子很多，所以母亲不要认为只有自己才有这么认生的孩子。

口吃

这个年龄出现口吃的孩子是很多的，特别是男孩居多。刚开始孩子并没在意，而母亲则吃惊不小，慌忙给孩子纠正或批评孩子。这样一来孩子也开始紧张起来。如果是已经掌握了很多话的孩子，试着避开难说的音符，还可以用其他语言来表达。母亲矫正得太严厉，孩子会完全张不开嘴。另外，孩子想说的话说不出来，所以一着急就扔东西、跺脚。

口吃的原因，有的也很清楚。如本来是左撇子，硬想让孩子改成右撇子；让孩子换拿勺子的左手变为右手，或把左手拿着的粉笔抢过来；严厉批评了孩子的尿床以后；恩爱的夫妻突然不和打起架来；在朋友或姐妹里有个非常能说的人，本人想说点什么时，被他们抢先说了；下边又多了个宝宝等等；这些情况都可以导致口吃的发生。但大多数都是不管怎么也寻找不出引起孩子"情绪障碍"的原因。

这个年龄孩子出现的口吃，即使不做矫正，有的快点有的慢点，早晚是能完全治好的。最重要的是父母的乐观态度。孩子口吃那可了不得，母亲紧张得不得了，这种心情传染给孩子就难治了。所以父母对孩子的口吃，必须像是没事儿一样对待。孩子说话时，不管是口吃不口吃，最忌讳的是战战兢兢地看孩子说话的嘴巴。孩子不论是口吃还是流利，都要以孩子没口吃之前的态度对待孩子。要让孩子感到母子的交流还保持着，让孩子感到安心。让孩子重新说一遍，孩子会因此感到犹豫而口吃。

3~6岁

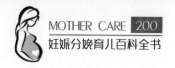
从3岁到6岁

　　这个年龄的孩子最棘手的是，孩子的自立是通过任性表现出来的。任性也无异于是一种自立，但却是一种不完善的自立。孩子有一种如果是自己主张的，母亲肯定会让步的依赖思想。把不完善的自立转变为进一步完善的自立，是教育的第一步。要把孩子的自立与协作结合起来。为了使孩子积极地遵守协作生活所需的"原则"，协作生活对孩子来说必须是愉快的。

　　对于孩子的原始愿望，母亲的道理是很难说通的。3～4岁孩子的母亲，必须有"苦战恶斗"的思想准备。为不让孩子觉得"母亲是个好说话的人"，母亲必须在某些时候把要来依靠母亲的孩子推开。因为担心推开孩子会使母子的协作不顺利，因此很多母亲不能使孩子完全地自立起来。

　　在母子之间相当难以遵守的协作生活的"原则"，孩子如果在家庭以外有愉快的协作生活的话，他会意外地变得能够遵守起来。

　　在家庭以外常常能有安全的玩耍处，或是邻居家的院子宽敞，有3～4个小朋友能在一起玩的话，在那里能够实现快乐的协作生活，在那儿体验到自己如果说了任性的话，就不能和大家一起愉快地玩下去，于是以前不能借娃娃给别人的孩子，会因此也能借给他人玩了。但是，这样自然形成的孩子们的协作生活，还不能完全让孩子们自立。许多孩子被小朋友稍稍说重了一些，就回到家里哭，于是好长一段时间，不再跟小朋友玩。

　　很多母亲之所以把3岁的孩子送到托儿所，就是想通过让孩子与母亲分离一定的时间，使孩子脱离对母亲的依赖，提高孩子的自立能力。

　　之所以去了托儿所之后孩子都变得"聪明"了，是因为对母亲的依赖减少了，自立能力增强了，体验到了协作生活的乐趣，孩子自己也就积极地珍视这种快乐了。要求入托儿所的人增多的原因，就是众多的母亲承认了孩子的"教育"只在家庭里进行是不够的。

　　满3岁孩子的一大特征，就是这个时期想象力迅速提高。但是孩子的想象世界和现实世界是交织在一起的。在现实世界里，每天有新的事物发生，因此日常生活也像探险似的有趣。绘画与语言进一步将这个现实的乐趣涂上了色彩。从这种意义上讲，孩子的想象力就像现实的"扩大器"。大人们为了"扩大"孩子的人生乐趣，必须刺激孩子的想象力。刺激方法就是给孩子买画册，跟孩子聊天，让孩子听音乐，让孩子画画，让孩子作黏土工艺加工，让孩子摆积木，让孩子在沙地上玩。如果只靠母亲不能给予孩子这么多的话，就把孩子送到幼儿园，让老师教给他。

关于体罚

所说的惩罚，是对做了坏事的人追究责任而言。从这个意义上讲，3岁的孩子能做什么坏事呢？当这样被反问时，我们不得不承认，追究责任是不可能的。为了不让孩子第2次做危险的事情，打骂孩子让孩子记住，是体罚的理由。可是给3岁孩子创造环境，是父母的责任。应该负责任的父母不负责任，而把体罚加在孩子身上，那么体罚对孩子就是一种灾难。

现在我们居住的环境，还没有完备到对孩子来说，消灭了一切危险的程度。孩子登上了禁止上去的窗子，撕破了父亲的重要书籍，这类事情不断发生。父母也是凡夫俗子，他们重要的东西被搞坏了，就会大发雷霆并常常对孩子加以体罚。大发雷霆进行体罚，就是再深思熟虑也不如原谅孩子为好。为了让孩子知道所做的事对父母是多么大的麻烦，当场体罚对3岁孩子是有效警告。如果仔细想一想，父母就应该明白孩子做"坏事"的原因是因父母的防备不足而致的。把自己的过错用体罚孩子来禁止，这未免太残酷了。

大发雷霆而打了孩子的父母，过后一想，不至于那样对待孩子吧，又对孩子好了起来。因此，孩子就忘了父母在体罚时的可怕面孔，过后向父亲道歉说"父亲，你生气了吧？"，而在孩子已经忘记这些不愉快的时候，父亲又为刚才的事情狠狠地批评了孩子，这种做法实在是太不可取了。

父母的大发雷霆虽然也是不得已而为之，但对孩子出于生理需要所做的事进行体罚，是绝对不可以的。比如说夜里尿了床的时候；白天在外边玩，来不及小便尿了裤子的时候；吃饭时对不吃饭的孩子强迫让他吃，而孩子打翻了饭碗的时候；傍晚怕尿床不让孩子喝水，而孩子偷着喝了水的时候等等。

让孩子帮忙

让孩子帮忙做些事是有益的。比如母亲洗完衣服晾晒时，让孩子从篮子中把衣服递过来，周日父亲做木匠活，让孩子帮忙拿钉子等。通过劳动，孩子会认识到自己也是这个家庭中的一员，向自立迈近了一步。但是，父母必须让孩子了解"劳动"的目的，使"劳动"对孩子来说是乐趣，而不能把劳动作为惩罚让孩子做。因为孩子尿了床让孩子洗衣服等，这事绝对要禁止。应该在孩子幼小心灵中，打下劳动是快乐的事的印记。

让孩子帮忙做事时，最好让孩子和母亲做一样的"劳动"。和母亲在一起做事时，孩子的心情很重要。母亲什么都不做，只在一旁命令，这很不好。对孩子的"劳动"必须给予表扬。下边又有小弟弟或小妹妹出生时，上边的孩子能很好地帮母亲做事，是因为母亲夸奖他已是一个独立的人了。在家不帮忙做事，而在幼儿园里却积极

地值日，这是因为孩子得到了老师的"你已是独立的人了"的夸奖。

孩子做了事，作为报酬给孩子钱，这种做法不太好。这样做就会养成孩子为了报酬才帮忙做事的习惯。

"为什么？""因为什么呢？"

这个年龄的孩子从早到晚不断地问母亲"为什么？""怎么回事？""为什么要下雨？""为什么糖是甜的？"等等问题。

对幼儿来说，这个现实的世界，所有事情都新鲜和令人惊奇。他们想通过语言表达这个发现，但不知怎样表达好，因此就求助于母亲。母亲必须鼓励孩子的这种探索的心理。这时对孩子绝对不能撒谎。这是因为母亲必须在孩子心里有"母亲不是撒谎的人"的这种可信赖感。

孩子未必什么都是出于求知欲而提出各种问题的。孩子遇到问题，就问母亲，在反复询问母亲的过程中，如果母亲任何问题都给予回答，那么自己就不用考虑了，孩子有的时候是以这种图轻松的心理提问题的。因此，母亲对孩子的所有提问，不应该都像百科全书一样机械地答复孩子，而最好是用一种让孩子自己也要考虑的回答方式来回答孩子。

母亲当被孩子问到自己也不懂的问题时怎么办？孩子未必一定要求完全是自然科学式的解答，母亲不妨像诗人一样回答孩子的提问。当连续二三个问题都回答不上来时，也最好不要随便说"不知道"、"忘了"。否则，这样对待孩子的话，当孩子被问到什么问题的时候，也会不加思考地就说"不知道"、"忘了"。当孩子明白这样回答就不被再追究下去了，那孩子就会不断地用这种方式回答。

对孩子提出的问题答不上来时，要和孩子说："咱们查查字典好吗？"然后一起查百科辞典以寻求解决的办法。当然，如果应该是孩子自己考虑的问题却来问母亲，最好能反问孩子："你是怎么想的呢？"不管是什么问题，都禁止对孩子的提问回答："现在忙着呢，别问那么多问题。"

不能因孩子记忆力强，就想让孩子成为什么都知道的人。知识是生活必要的消耗品，只有那些不能生气勃勃生活的人，才积攒知识。

必须教给孩子的是如何生活，每天只是看电视的孩子，不太问"为什么"、"怎么回事"。就是有了疑问，也能立即在电视上找到答案。电视的作者总是创作那些对孩子不留有任何疑问的作品。孩子已经习惯了这些，知道答案一定会给的。

应该给孩子能发出"为什么？""怎么回事？"等有疑问的、生机勃勃的每一天。

百白破三联疫苗的追加免疫

百日咳、白喉、破伤风的预防疫苗，多数是在孩子出生后2岁期间就都注射完了。所以到了3～4岁之间，必须要进行（1次就可以）追加免疫。偶尔有的孩子恰好在规定注射的日子里感冒了，或者腹泻，可推迟注射日期。在注射后一旦孩子发热，首先，要认真观察注射部位，如果注射部位红肿，那就是不良反应导致的。一般在注射后几个小时内出现，可冷敷头部、给孩子充分地补充水分，到了第2天，注射部位的红肿就会消失，热也会随之消退。

粪便中有小虫子

孩子因为某种原因腹泻时，有时从便器中倒出的粪便中，可见到长约1厘米的白色线状的虫子在动。这是蛲虫，不是蛔虫。蛲虫一般寄生在盲肠附近，不出现在便中。偶尔因腹泻、肠蠕动加剧，就被冲了下来。

蛲虫在肠的出口，也就是肛门处产卵，因此孩子就感到肛门口周围痒。但是除痒以外，一般没有其他症状。孩子用手抓痒的地方，这样一来就把虫卵沾到了手指及指甲间，然后又去抓东西吃，这样既能传染给自己，也能传染给别人。如果把指甲剪短，饭前认真洗手就没问题了，驱虫很简单，只要吃驱虫药把虫子打下来就可以了。

说谎话的孩子

只用"说谎话是不好的"这种道德观来责备孩子的撒谎是不应该的。孩子将有趣的事情说给母亲听时，常常掺杂着谎话，这是因为在孩子快乐的记忆中，现实和幻想混杂在一起。大人们由于想象力低下，将现实只能作为现实去接受。我们看看孩子的画就会明白，从大人们的角度来看，孩子使用的颜色都不符合实际，可是在孩子们的心中，那是真实的。在孩子记忆中的美丽世界，只能靠这种绘画的虚构才能表现出来。如果责备孩子"可不能那么胡说"，就会挫伤了孩子刚刚开始的表现力，逐渐地孩子的幻想力就会丧失。

但是，有时是为了推卸责任而说话，这一般都是在母亲厉声地责问"这是谁干的？"的时候。如果以前在这个事情上受到过母亲体罚的话，孩子为了逃脱体罚，会把自己做的事情坚持说自己没做。这时，孩子的恐惧心超出了他的责任心，这也是没有办法的。

孩子逃脱责任说谎时，如果是第一次，母亲要告诉孩子："你骗不了人。"如果不这样做，孩子会再说谎的。因为大人说谎，孩子就会学习说谎的方法。因此，家庭里必须要做到不说谎。

管教孩子的12个"不要"

父母都有必要了解管教中的一些禁忌，尽可能避免对孩子产生伤害。

下面就是12个"不要"：

不要瞧不起孩子

我们可能会说出这样的话："你那样算是小聪明吗？""你怎么这么笨？"或者"你到底有没有脑子？"每次我们说出这种轻蔑的话，都是在摧毁孩子的自我概念。

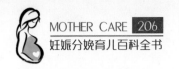
⌒ 不要威胁孩子

威胁只会削弱孩子的自我概念。我们有时对孩子说："你下次再敢这样，就有你好看的！"或者"你要是再敢打弟弟，妈妈就狠狠揍你一顿，叫你永远也忘不了！"每次威胁孩子都会让他感到不安，都是教他怕我们、恨我们。

威胁给孩子造成的心理影响是极坏的。这并不是说不该给孩子制定严格的规矩，母亲常常误解这个概念，以为永远不能对孩子说"不"，这样理解是大错特错。当孩子做错事而你必须立规矩的时候，即使必须打他屁股，也要毫不犹豫地去做。但是，不要事先对孩子说，如果他表现不好你会怎么处理。因为威胁是将来时，而孩子生活在当下，想靠威胁去促使孩子改善将来的行为，只是无用功。

⌒ 不要贿赂孩子

如果你去市场逛一圈，就会看到许多母亲带着年幼的孩子买东西，你一定能听到各式各样的贿赂。小孩子不停地拿货架上的东西，把包装盒和罐头搬下来，妈妈被弄得心烦意乱，最后忍无可忍地许诺孩子："你要是乖一点不乱动东西，妈妈就给你买一个玩具。"倘若妈妈的目的是教孩子如何操纵别人的话，那么贿赂倒是一个好办法，因为妈妈此时就是在让孩子操纵她自己。然而，贿赂孩子既不会帮助孩子建立良好的自我概念，也不能教会孩子自律并尊重他人的权利。

⌒ 不要引诱孩子向你保证以后会做得更好

这一类事情通常是这样一步步进行的：

小威利犯错误了，妈妈很恼火，对他说："威利，你向我保证以后永远、永远不再这么做了！"威利很机灵，他答应妈妈了。半个小时以后他又犯了同样的错误，妈妈更生气了："威利，你刚才怎么保证的！"妈妈不理解保证对小孩子根本没有意义。保证和威胁一样，都是针对未来的，而小孩子只活在当下。如果强迫一个敏感的小孩子做保证，他再次犯错误的时候只会有深深的负罪感。如果是一个不敏感的孩子，那么他就会变得虚伪，学会说假话，而不是真的改正行为。

⌒ 不要过度保护孩子

过度保护会伤害孩子的自我概念。当妈妈过分监控孩子的行为时，就好像在告诉他：你自己不行，我必须站在这里看着你做。大多数父母都对孩子自己做事的能力缺

乏信心。我们应当常常告诫自己：孩子有能力自己做的事，父母千万不要替他做。

不要对孩子唠叨太多

说得太多就是在向孩子传达这样的信息："你的理解能力实在太差，所以我说的话你要好好听！"以下两个小不点儿的话生动体现了他们对大人说话太多作出的反应。

一个学前期的孩子对父亲说："爸爸，为什么我每次问一个很短的问题，你都回答那么多话呢？"另一个学前期的孩子被人无意听到他这样威胁幼儿园的小朋友："我打你！我要把你剁成一块一块的！让我解释——解释——解释给你听！"

不要让孩子盲目服从、立刻服从

假设你的先生对你说："亲爱的，放下你手上的事情，给我倒一杯咖啡来，马上就要，快点！"我敢肯定，你会想马上给他来一杯咖啡——泼在他脸上！那么好，如果你硬是命令孩子立刻放下手中的事情，转而去做你要求的事情，他也会是同样的感受。

父母至少可以提前知会孩子过一会儿要做什么，可以这样说："吉米，再过10分钟你就过来吃饭。"我们也可以允许孩子嘟囔一会儿再服从。"哎呀妈妈，再让我

玩一会儿，好不好嘛？"如果你面对的是一个傀儡或者专制制度下的人，要求他盲目地立刻服从，这符合他的自我概念，但这绝不是培养独立且具有自律精神的人的正确方法。

∽ 不要溺爱孩子

娇养、姑息，也就是父母常说的把孩子"宠坏了"，究其根源，是因为父母不敢对孩子说"不"，不敢给孩子立严格的规矩。这样做的后果是，孩子会认为所有的规矩不过是说说罢了，只要他足够强硬，规矩就会瓦解。倘若在家里也就算了，可孩子总有一天要面对外面的世界，环境不会依照他的意志改变，等他明白这一点的时候，他会有挫败感。溺爱孩子，意味着我们在剥夺他依靠自己的力量成长为机智的、独立的、自律的人的机会。

∽ 不要使用前后不一致的规矩

星期一，妈妈心情很好，看什么都顺眼，于是允许孩子破坏规矩；星期二，孩子做了同样的事情，妈妈却大发雷霆。这种前后不一致的态度会给孩子造成什么印象呢？打个比方，你学开车时，在星期一、星期三和星期五，红灯代表"停"，绿灯代表"通行"；到了星期二、星期四和星期六，红灯代表"通行"，而绿灯代表"停"，这样能学会开车吗？孩子需要一定程度的统一性和可信性，才能知道自己应该做什么，前后不一致的信号无法让孩子明白这一点。

∽ 不要将不适合孩子年龄的规定强加在孩子身上

你要是指望一个2岁的孩子像5岁的孩子那样守规矩，那么孩子除了感到自己不行，就是对你满腹怨气。你要求他具有与其年龄不符的成熟度，这只会伤害他的自我概念。

∽ 不要对孩子进行道德说教，使用让孩子感到内疚的管教方法

这样的教育方法容易造成不好的自我概念。使孩子感到内疚的教育方法仿佛在用

语言或行动传递这种信息：你怎么能做出这种事情来？你真是一个坏孩子，妈妈为你做了那么多事情，你怎么可以这样？

下一次你若是有冲动对学前期的孩子进行道德说教，不妨先冷静下来，或者用含糊其辞的话对他说几句。这对他所起的作用，就跟你进行一番道德说教差不多，却可以避免道德说教引起的负罪感。

小孩子其实很可怜，他们每天都要听父母说出成百上千个否定的字眼。倘若能有一台隐蔽的录音机，把"这不许那不许"的语言轰炸逐字逐句录下来，再播放给母亲们听，她们一定会非常惊讶自己每天竟然都说这些话：道德教训，大喊大叫，训斥孩子，嘲笑，甚至骂人。

有趣的是，当孩子听到这些"语言轰炸"的时候，他们的耳朵就关上了！面对喋喋不休，孩子唯一的抵抗就是关闭他们的耳朵。当然完全关闭是不可能的，这种语言轰炸中隐含的负面信息已经被孩子印在自我概念之中。

嘴上的否定改变不了孩子的行为，它唯一的作用就是破坏孩子的自我概念。

不要光嘴上命令孩子却不付诸行动

这是很经典的一幕：

母亲对小孩子说："不要爬到椅子上去。"孩子还是爬上去了。"理查德，我告诉过你不要爬到椅子上去！"孩子完全不理妈妈，接着爬。"理查德，你听到没有？我跟你说过，现在立刻从椅子上下来！"孩子好像什么也没有听见。除了嘴上说，妈

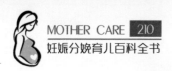

妈没有采取任何实际行动

阻止孩子爬椅子。她这样做，其实是教孩子漠视自己的要求和命令。要想避免这种错误的教育方法，就不要对孩子下命令，除非你有办法强制他执行。

小学学校的选择方法

有被称为"名牌"的小学学校，从这样的小学毕业后，进入"名牌"初中的人很多，从"名牌"初中再进入"名牌"高中，从"名牌"高中就容易进入有名的大学。让孩子跨学区或通过激烈的选拔考试，让孩子进入"名牌"小学的父母，被认为是热衷于教育的父母。

但是，这种勉强把孩子送入名牌小学的做法，也许并不那么高明。因为设备完善、学费低廉的大学数量有限，所以存在竞争，应试学习也是十分必要而不得不做的。但应试学习是以入学考试为中心的，与以培养人才为目的的教育是完全不同的。虽然应试学习为了进入上一级的学校是必要的，但它存在着一定的缺陷，应该把这种缺陷缩小在最小限度内。

现在日本的教育因为是应试教育，所以它歪曲了教育是培养人才的本意。学校的好坏差别是由考试的合格率来决定的。学校的老师也为使学校成为"好"学校，而把力量放在应试学习上来。教育委员会也对此视而不见。人的价值由他出身的学校决定，这种观点是错误的。

学校是培养人才的地方，比教授知识更重要的是培育出优秀的人才。不管你知识多么广博，但不懂得应该如何和父母、兄弟、朋友愉快相处的话，是很难在一起生活的。如果社会上都是只顾自己出人头地而不管他人怎样的人，那么世间就没有快乐。

把孩子送进只注重应试学习的所谓名校，孩子就会成为只考虑排挤别人的人。从小学到大学，如果一直在这样的学校生活，孩子恐怕就会成为对别人的痛苦、悲哀毫无感觉的人。

跨学区上学，从幼儿园开始就上课外班、上名校这样的事情是不正确的。孩子在所住学区上学是理所当然的，也是最好的事。在学校高兴地交朋友，能和朋友在放学后或暑假一起玩耍，这是因为上了本地学校的缘故。被从很远的地方搜罗到名校的孩子，放学后和暑假就不能和自己附近的孩子一起玩耍。实际上是被排除在地域之外的人，而自己却具有一种特权意识，这多少会把孩子宠坏。

如果在区域内的学校上学，学校有做得不好的地方，可以应本地居民的意见向好的方面改进。要把学校办好，必须把本地区治理好；把自己居住的地区，通过自身力量建设好，这是一种地方自治精神。假如靠本地人的力量把学校建设好，那么孩子也会加深对本地区的热爱。这与很多有志于上名牌大学，离开自己居住的地方，想在他乡出人头地的人有相当大的不同。热爱自己居住的地区，打算继续在这里居住的人，应该把孩子送进当地小学。

入学准备

作为母亲最重要的事情是调节紧张情绪。

母亲不会忘记从孩子出生那天开始，6年来是自己悉心培养，才取得了今天的出色成果，现在，不能让不熟悉孩子的人说三道四。

在上学前的健康检查时，可能被初次见面的医生提醒注意一些问题。即使说孩子体重不足，但天生饭量就小的孩子达不到标准也是很自然的事情，从断乳以来，千方百计让他多吃些，已经十分尽力了，可孩子就是胖不起来，初次见面的人是不会理解的，因此总是说"必须考虑再多补给些营养"。即使被告之"请先治好鼻炎"，可是

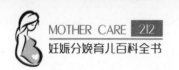
熟知在幼儿园时，去耳鼻喉科治了半年多，但鼻子仍未治好的母亲认为到4月份也是治不好的，那也就算了。孩子能健康地到处跑，虽然鼻子有些不太通气，也不会影响孩子在学校的生活。

为了使孩子以一种新奇的心情上学，即使上面哥哥姐姐的学习用品仍可使用，也要给他准备新的。

选择书包时为了让孩子能使用到6年，就挑选结实的，但这对个子矮小的孩子则过于重了。应该以中途要替换的打算挑选。为取得孩子的欢心，书包上带有电视节目中主人公或人物的很多，但早晚会过时的，还是不要买这样的好。

有身体残疾的孩子，可能会被建议到与普通学校不同的特殊学校。在这种特殊学校，每个年级的学生人数在20人左右，老师能很好地照顾到每个孩子，且根据不同的残疾有相应的指导教师，每周进行几个小时的特殊教育（盲文、手语、说话指导）。并不是进入普通学校就好，需要仔细考虑孩子的残疾程度、学校接收的态度等，以及调查在普通年级教育的残疾儿的状况后，父母再决定是否送孩子就读。